新工科建设之路·计算机类专业规划教材

编 译 原 理

龚宇辉　　王丽敏　主　编

周瑞红　　韩旭明　副主编

电子工业出版社
Publishing House of Electronics Industry
北京·BEIJING

内 容 简 介

本书共分 9 章。第 1 章介绍了编译程序的基础知识,包括编译工作的基本过程及各阶段的基本任务;第 2 章介绍了文法及语言的基本概念、文法分类、词法分析程序的设计原理与构造方法等;第 3 章介绍了自顶向下语法分析的基本思想和分析技术,包括语法分析的任务、LL(1)文法、LL(1)分析法和递归下降分析法;第 4 章介绍了自底向上语法分析的基本思想和分析技术,包括算符优先分析、LR 分析法等;第 5 章介绍了语义分析与中间代码的生成;第 6 章介绍了符号表的组织与管理,包括符号表的作用、符号表的组织和使用方法;第 7 章介绍了运行时的存储组织与分配技术;第 8 章介绍了代码优化的基本概念、基本块的划分、局部优化和循环优化方法等;第 9 章介绍了目标代码生成的基本技术。

本书系统性强,概念清晰,内容简明通俗,每章章首配有本章的学习目标和学习要求,章末配有本章小结和适量的习题,使学习者快速掌握书中的内容。

图书在版编目(CIP)数据

编译原理 / 龚宇辉,王丽敏主编. — 北京:电子工业出版社,2018.6

ISBN 978-7-121-33731-4

I. ①编… II. ①龚… ②王… III. ①编译程序－程序设计－高等学校－教材 IV. ①TP314

中国版本图书馆 CIP 数据核字(2018)第 033240 号

策划编辑:竺南直
责任编辑:张 京
印　　刷:北京虎彩文化传播有限公司
装　　订:北京虎彩文化传播有限公司
出版发行:电子工业出版社
　　　　　北京市海淀区万寿路 173 信箱　　邮编:100036
开　　本:787×1 092　1/16　印张:12.25　　字数:313.6 千字
版　　次:2018 年 6 月第 1 版
印　　次:2024 年 1 月第 7 次印刷
定　　价:35.00 元

前　言

　　编译技术是计算语言发展的支柱，也是计算机科学中发展最迅速、最成熟的一个分支。"编译原理"是一门研究设计和构造编译程序的原理和方法的课程，是计算机及其相关专业的一门核心课程，在教学中占有极其重要的地位。该课程蕴涵着计算机学科中解决问题的思路、形式化问题和解决问题的方法。编译程序是计算机系统软件的重要组成部分，其基本原理和实现技术也适用于一般软件的设计和实现，因此对应用软件和系统软件的设计与开发有一定的启发和重要的指导作用，在软件工程、软件自动化、语言转换、程序分析及其他领域具有广泛的应用。本书主要介绍设计和构造编译程序的一般原理、基本方法和主要实现技术。通过该课程的学习，使学生掌握编译系统的结构、工作流程及编译程序各组成部分的设计原理和常用的编译技术及方法，为今后从事应用软件和系统软件的开发奠定一定的理论和实践基础。

　　本书共分 9 章。第 1 章介绍了编译程序的基础知识，包括编译工作的基本过程及各阶段的基本任务；第 2 章介绍了文法及语言的基本概念、文法分类、词法分析程序的设计原理与构造方法等；第 3 章介绍了自顶向下语法分析的基本思想和分析技术，包括语法分析的任务、LL(1)文法、LL(1)分析法和递归下降分析法；第 4 章介绍了自底向上语法分析的基本思想和分析技术，包括算符优先分析、LR 分析法等；第 5 章介绍了语义分析与中间代码的生成；第 6 章介绍了符号表的组织与管理，包括符号表的作用、符号表的组织和使用方法；第 7 章介绍了运行时的存储组织与分配技术；第 8 章介绍了代码优化的基本概念、基本块的划分、局部优化和循环优化方法等；第 9 章介绍了目标代码生成的基本技术。

　　本书系统性强，概念清晰，内容简明通俗，每章章首配有本章的学习目标和学习要求，章末配有本章小结和适量的习题，可使学习者快速掌握书中的内容。本书附录中的程序代码可扫相应的二维码查看，或者登录华信教育资源网 www.hxedu.com.cn 注册后下载。

　　本书根据作者多年的教学经验编写而成，在成书的过程中，编著参考了书末所列出的有关文献，在此，向这些书籍的作者一并表示感谢。由于编著者水平有限，时间仓促，书中难免存在一些缺点和不足，敬请读者多提宝贵意见，以便再做修订补充。

编著者

目　　录

第1章 编译简述

学习目标

正确理解什么是编译程序；掌握编译程序工作的基本过程并了解各阶段的基本任务。

学习要求

- 掌握：编译方式与解释方式的根本区别和编译程序的基本过程。
- 了解：编译程序各阶段的基本任务及实现编译程序的方法。

编译程序是计算机系统中重要的系统软件，是高级语言的支撑基础。编译器的编写涉及程序设计语言、计算机体系结构、语言理论、算法和软件工程等学科。本章主要介绍翻译程序、汇编程序和编译程序的概念，实现高级语言的编译方式，一个典型的编译程序的组成，遍、编译程序前端和后端及编译程序的构造方法等。

1.1 程序的翻译

语言是人与人之间传递信息的媒介和手段。世界上存在多种语言，人们为了通信方便，建立了各种语言之间的翻译。人与计算机之间的信息交流，同样需要翻译。在计算机领域里，程序是计算机系统中计算任务的处理对象与处理规则的描述，是计算机实现各类信息处理的工具，是人与计算机的接口。使用过现代计算机的人多数都是用接近自然语言的高级程序设计语言来编写程序的，但是计算机不能直接接受和执行用高级语言编写的程序，需要通过一个翻译程序将它翻译成等价的机器语言程序才能够执行。

1.1.1 程序设计语言

程序设计语言是人与计算机之间进行信息通信的载体，是用来编写程序的工具。程序设计语言从结构上可分为两类，分别是低级语言和高级语言。

1. 低级语言

低级语言包括机器语言和汇编语言。

(1)机器语言

机器语言由能被计算机直接执行的机器指令组成，每条机器指令是由二进制数字 0、1 代码组成的。

特点：对计算机的依赖性强、直观性差、可读性差，编写程序的工作量大，容易出错，出错后难于调试和修改，只有对相应计算机的结构比较熟悉，且经过一定训练的程序人员才能较好地使用。基于上述原因，人们引入了汇编语言。

(2)汇编语言

汇编语言是符号化了的机器语言,引入一些助记符表示机器指令中的操作码和存储地址。

特点：与机器语言相比,大大提高了编程的速度和准确度。也有很多缺点：不易编写,阅读和理解困难,不便移植,因此人们又引入了高级语言。

2. 高级语言

高级语言是便于理解的自然语言,有几百种之多,但除了一些专用语言之外,得到广泛运用的只有其中少数几种,常用的有 Basic、Fortran、Pascal、C、Java 等。高级语言无论是在算法描述的能力上,还是在编写和调试程序的效率上,都远比低级语言优越。

特点：可读性强,具有通用性,可在不同机器上运行,便于移植,便于编写、调试和修改。

1.1.2 编译程序

我们知道,每种计算机只懂得自己独特的指令系统,即它只能直接执行用机器语言编写的程序。人们虽然可以直接用机器语言编写程序,但很不方便,这是因为机器语言程序不易读、不易写、结构性很差。另一种方法是人们先用较为接近自然语言的高级程序设计语言(或简称高级语言)来编写程序,再借助特定的软件将它翻译成机器语言程序。

1. 翻译程序(Translator)

将用汇编语言或高级语言编写的程序转换成等价的机器语言程序,执行这种转换功能的程序统称为翻译程序。转换前的程序也就是翻译程序的输入对象称为**源程序**(Source Program),它是用汇编语言或高级语言编写的程序;输出对象称为**目标程序**(Object Program),目标程序可以是机器语言程序、汇编语言程序或自定义的某种中间语言程序。

2. 汇编程序(Assembler)

源程序为汇编语言程序,目标程序为机器语言程序的翻译程序,称为汇编程序。

3. 编译程序(器)(Compiler)

编译程序是将用高级语言编写的程序(源程序)翻译成汇编语言或机器语言形式的程序(目标程序)的一种翻译程序。世界上第一个编译程序 Fortran 于 20 世纪 50 年代中期研制成功,它是现今所有计算机系统中最重要的系统程序之一,即高级语言的翻译程序。

1.1.3 实现高级语言的编译方式

由于计算机硬件只懂自己的指令系统,即只能直接执行相应机器语言格式的代码程序,而不能直接执行用高级语言或汇编语言编写的程序。因此,要在计算机上实现除机器语言之外的任一程序设计语言,首先应使此种语言被计算机所"理解"。解决这一问题的方法有两种：一种是对程序进行编译;另一种是对程序进行解释。

1. 解释方式

解释方式是接受用程序语言(源语言)编写的程序(源程序),然后直接解释执行源程序,如图 1-1 所示。解释器相当于源程序的抽象执行机,是语言的实现系统。其执行过程为一个语句一个语句地读入源程序,边翻译边执行,在翻译过程中不产生目标程序。

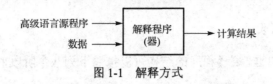

图 1-1 解释方式

2．编译方式

编译方式下的源程序为高级语言程序，目标语言是低级语言程序（汇编或机器语言程序）的翻译程序。执行过程为对整个源程序进行分析，翻译成等价的目标程序，翻译的同时做语法检查和语义检查，然后运行目标程序。

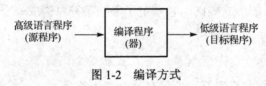

图 1-2 编译方式

3．编译方式和解释方式的区别

解释方式特别适合于交互式语言，而且解释方式允许程序执行时改变自身，如调试程序。这种情形编译程序不易胜任，因为它需要动态编译，而解释程序可以毫无困难地胜任；此外，解释程序不依赖于目标机（运行编译程序所产生目标代码的计算机），因为它不生成目标代码，可移植性优于编译程序。但是和编译程序相比，解释程序开销大，运行速度慢。解释方式和编译方式的最根本区别在于：在解释方式下，并不生成目标代码程序，而是直接执行源程序本身。

1.2 编译程序的组成

编译过程是编译程序工作时的动态特征。一个典型的编译程序一般包含以下八个阶段，分别是词法分析、语法分析、语义分析、中间代码生成、中间代码优化、目标代码生成、表处理、错误处理，各阶段之间的关系如图 1-3 所示。

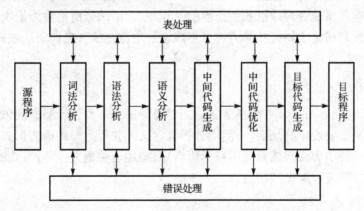

图 1-3 编译器的功能结构图

1.2.1　编译程序的构成

图 1-3 是编译程序总框,编译程序的结构可以按照下列八个阶段的任务分模块进行设计。

1．词法分析

词法分析(Lexical Analysis)阶段的任务是对构成源程序的字符串从左到右进行扫描和分解,根据语言的词法规则识别出一个一个具有独立意义的单词,称为**单词符号**,简称**符号**。例如保留字(begin、end、for、while 等)、标识符、常数、运算符和界符(左右括号)等。编译器的词法分析也叫作**线性分析**或扫描。

词法规则是单词符号的形式规则,它规定了哪些字符串构成一个单词符号。

例如 C 程序语句:

```
a[i] = 4 + 2;
```

这个代码包括了 12 个非空字符,但只有 8 个单词符号:

(1) a:标识符。

(2) [:左括号。

(3) i:标识符。

(4)]:右括号。

(5) =:赋值号。

(6) 4:数。

(7) +:加号。

(8) 2:数。

每一个单词符号均由一个或多个字符组成,在进一步处理之前它已被收集在一个单元中。

2．语法分析

语法分析(Syntax Analysis)的任务是在词法分析的基础上,根据语言的语法规则,把单词符号串分解成各类语法单位(根据文法的产生式进行推导或归约),如短语、子句、句子(语句)、程序段、程序等,并进行语法检查,即检查各种语法单位在语法结构上的正确性。通过语法分析,确定整个输入串是否构成语法上正确的"程序",语法分析也称为**层次分析**。

语言的语法规则规定了如何从单词符号形成语法单位,换言之,语法规则是语法单位的形成规则。

3．语义分析

语义分析(Semantic Analysis)的任务是首先对每种语法单位进行静态的语义审查(静态语义是指程序在语义上要遵守的规则),然后分析其含义,并用另一种语言形式(比源语言更接近于目标语言的一种中间代码或直接用目标语言)来描述这种语义。同时审查源程序有无语义错误,为代码生成阶段收集类型信息。

4．中间代码生成

中间代码生成(Intermediate Code Generation)即将源程序转换成一种称为中间代码的内部表示形式。中间代码是一种简单的、含义明确的记号系统。

5．中间代码优化

中间代码优化(Intermediate Code Optimization)的任务是对前阶段产生的中间代码进行等价的变换或改造，以期获得更为高效的(省时间和空间的)目标代码。优化主要包括局部优化和循环优化等。

6．目标代码生成

目标代码生成(Object Code Generation)的任务是将中间代码变换成特定机器上的绝对指令代码或可重定位的指令代码或汇编指令代码。

7．表格管理(Symbol-Table Management)

编译程序在工作的过程中需要建立一些表格，以登记源程序中所提供的或在编译过程中所产生的一些信息，各个阶段的编译工作都涉及构造、查找、修改或存取有关表格中的信息，因此在编译程序中必须有一组管理各种表格的程序。

8．错误处理

各个阶段还存在错误处理(Error Detection and Reporting)模块，当有错误出现时，由相应的错误处理模块给出解决方案。一个好的编译程序在编译的过程中应具有广泛的程序查错能力，并能准确地报告错误的种类及出错位置，以便用户查找和纠正，因此在编译程序中必须有一个出错处理程序。

1.2.2 遍

具体实现上，受不同源语言、设计要求和计算机硬件条件的限制，往往将编译程序组织成若干遍(Pass)。所谓"遍"，就是对源程序或源程序的中间表示形式从头到尾扫描一次，并进行加工处理，生成新的中间结果或目标程序。既可以将编译过程中的几个不同阶段合为一遍，也可以把一个阶段的工作分为若干遍。例如，词法分析这一阶段可以作为单独的一遍，但更多的时候把词法分析程序作为语法分析程序的子程序来加以调用，将词法分析阶段和语法分析阶段合并为一遍。

1.2.3 编译程序前端和后端

概念上我们常把编译程序划分为编译前端和编译后端。**前端**主要由与源语言有关但与目标机无关的那些部分组成。编译前端通常包括词法分析、语法分析、语义分析、中间代码生成，与目标机无关的中间代码优化部分也包含在前端，当然前端也包括相应部分的错误处理。

编译**后端**包括与目标机有关的中间代码优化部分和目标代码生成等。一般来说，这些部分与源语言无关，而仅依赖于中间语言。很明显，编译后端是面向目标语言的，编译前端则不是，它几乎独立于目标语言。

1.3 编译程序的构造

编译程序是一个复杂的系统程序，它是实现高级语言编程的一个最重要的工具。一般开发编译程序有如下几种可能途径。

1. 转换法(预处理法)

假如我们要实现 L 语言的编译器,现在有 L′语言的编译器,那么可以把 L 语言程序转换成 L′语言程序,再利用 L′语言的编译器实现 L 语言,这种方法通常用于语言的扩充。如对于 C++语言,可以把 C++程序转换成 C 程序,再应用 C 语言的编译器进行编译,而不用重新设计和实现 C++编译器。常见的宏定义和宏扩展都属于这种情形。

2. 移植法

假设在 A 机器上已有 L 语言的编译程序,现在想在 B 机器上开发一个 L 语言的编译程序。这里有两种实现方法。

实现方法一:最直接的办法就是将 A 机的代码直接转换成 B 机的代码。

实现方法二:假设 A 机和 B 机上都有高级程序设计语言 W 的编译程序,并且 A 机上的 L 语言编译程序是用 W 语言写的,我们可以修改 L 编译程序的后端,即把从中间代码生成 A 机的目标代码部分改为生成 B 机的目标代码。这种在 A 机上产生 B 机目标代码的编译程序称为交叉编译程序(Cross Compiler)。

3. 自展法

自展法的实现思想:先用目标机的汇编语言或机器语言书写源语言的一个子集的编译程序,然后将这个子集作为书写语言,实现源语言的编译程序。通常这个过程会分成若干步,像滚雪球一样,直到生成预计源语言的编译程序为止。我们把这样的实现方式称为自展技术。使用自展技术开发编译器时,要求这种高级语言必须是能够编译自身的。

4. 工具法

20 世纪 70 年代,随着诸多种类的高级程序设计语言的出现和软件开发自动化技术的提高,编译程序的构造工具陆续诞生,如 20 世纪 70 年代 Bell 试验室推出的 LEX 和 YACC 至今还在广泛使用。其中 LEX 是词法分析器的自动生成工具,YACC 是语法分析器的自动生成工具。然而,这些工具大都用于编译器的前端,即与目标机有关的代码生成和代码优化部分。由于对语义和目标机形式化描述方面还存在困难,虽研制了不少生成工具,但还没有广泛应用的。

5. 自动生成法

如果能根据对编译程序的描述,由计算机自动生成编译程序,那么将是最理想的方法。但需要对语言的语法、语义有较好的形式化描述工具,才能自动生成高质量的编译程序。目前,语法分析的自动生成工具比较成熟,如前面提到的 YACC 等,但是整个编译程序的自动生成技术还不是很成熟,虽然有基于属性文法的编译程序自动生成器和基于指称语义的编译程序自动生成器,但产生目标程序的效率很低,离实用尚有一段距离,因此,要想实现真正的自动化,必须建立形式化描述理论。

1.4 小 结

本章从总体上概要介绍了编译相关的原理和技术及典型编译器的逻辑结构,使学生对编译程序有一个初步的认识。本章重点和难点为对各基本概念的理解和对整个编译程序各个阶段所承担任务的理解和掌握。

复习思考题

1. 选择题

(1) 若源程序是高级语言编写的程序, 目标程序是_____, 则称它为编译程序。

    A. 汇编语言程序或高级语言程序   B. 高级语言程序或机器语言程序

    C. 汇编语言程序或机器语言程序   D. 连接程序或运行程序

(2) 编译程序是对_____程序进行翻译。

    A. 高级语言   B. 机器语言

    C. 自然语言   D. 汇编语言

(3) 编译程序的工作过程一般可划分为下列基本阶段: 词法分析、_____、代码优化和目标代码生成。

    A. 出错处理   B. 语法分析

    C. 表格管理   D. 语义分析和中间代码生成

(4) 编译过程中, 词法分析阶段的任务是_____。

    A. 识别表达式   B. 识别语言单词

    C. 识别语句   D. 识别程序

(5) 编译程序是_____。

    A. 应用软件   B. 系统软件

    C. 操作系统   D. 用户软件

2. 判断题

(1) 一个程序是正确的是指该程序的语法是完全正确的。

(2) 高级语言程序必须经过编译程序的翻译才能被计算机识别和执行。

(3) 编译程序的输入是高级语言程序, 输出是机器语言程序。

(4) 每一个编译程序都由完成词法分析、语法分析、代码优化、代码生成工作等五部分组成。

(5) 编译程序生成的目标程序一定是可执行的程序。

3. 简答题

(1) 高级程序设计语言具有哪些特点?

(2) 什么是编译程序?

(3) 编译程序在逻辑功能上一般由哪几部分组成?

(4) 编译方式和解释方式的根本区别是什么?

第2章 形式语言与词法分析

学习目标

正确理解上下文无关文法、语言的形式定义、短语、简单短语、语法树和文法二义性等。系统学习编译过程中词法分析的方法，单词符号的描述工具、表示方法、识别机制及其不同描述方式之间的转换，进而理解词法分析的过程和理论，明确词法分析在编译过程所处的阶段和作用。

学习要求

- 掌握：词法分析程序的手工实现方法，单词符号的描述工具、表示方法、识别机制及其不同描述方式之间的转换。掌握符号串及其运算、上下文无关文法和语言的形式定义。
- 了解：文法的分类，词法分析程序的自动构造。

在对源程序进行的编译过程中，首先要识别出源程序中的**单词符号**，然后分析每个语句的意义并进行翻译。识别单词符号的任务是由词法分析器(lexical analysis)[也称为扫描器(scanner)]来完成的，这里主要介绍词法分析程序的设计原则、单词符号的描述、识别机制及词法分析器的自动构造，并介绍编译理论中用到的有关形式语言理论的最基本概念，包括字母表、符号串、短语、直接短语、句柄、语法树和文法二义性等。

2.1 字母表和符号串的基本概念

通过第1章的介绍，我们知道编译程序的功能是将高级语言编写的源程序翻译成与之等价的机器语言或汇编语言的目标程序。也就是说，我们所要构造的编译程序是针对某种程序设计语言的，编译程序要对它进行正确的翻译，首先要对程序设计语言本身进行精确的定义和描述。为了精确地定义和描述程序设计语言，需采用形式化的方法。所谓形式化的方法，是用一整套带有严格规定的符号体系来描述问题的方法。从形式语言的角度来看，任何程序设计语言的程序都可看成一定字符集(称为字母表)上的一个字符串(有限序列)。一个合适的程序至少应满足词法、语法和语义规则。语言的词法规则规定了单词符号的构成形式，语言的语法规则规定了如何从单词符号形成更大的结构(语法单位)。就现今的多数程序语言来说，描述一个程序语言的语法规则的数学工具是上下文无关文法。一个上下文无关文法是给出程序设计语言的精确的、易于理解的语法说明。

正如英语是由句子组成的集合，而句子又是由单词和标点符号组成的序列那样，程序设计语言 Pascal 或 C 语言是由一切 Pascal 或 C 程序所组成的集合，而程序是由类似 if、begin、end 的符号、字母和数字这样一些基本符号所组成的。从字面上看，每个程序是一个"基本符号"串。设有一基本符号集，则 Pascal 或 C 语言可看成是在这个基本符号集上定义的、按一定规则构成的一切基本符号串组成的集合。下面给出符号和符号串的有关概念。

2.1.1　字母表和符号串

1. 字母表

字母表(alphabet)是元素的非空有穷集合,字母表中的一个元素称为该字母表的一个字母(letter),也可叫作符号(symbol)或字符(character)。

字母表是符号的非空有穷集合。"符号"是一个抽象实体,我们将不去形式地定义它,就如同几何学中的"点"和"线"一样往往不加定义。字母和数字是经常使用的符号。例如,由符号"a"组成的字母表记作$\{a\}$;由符号"a"和"b"组成的字母表记作$\{a, b\}$;由符号"a""b"和"c"组成的字母表记作$\{a, b, c\}$;由符号"0"和"1"组成的字母表记作$\{0, 1\}$;而 ASCII 字符集是一个常用的计算机字母表的例子。任何程序语言都有自己的字母表,如 Pascal 的字母表为:

$$\{A{\sim}Z, a{\sim}z, 0{\sim}9, +, -, *, /, <, =, >, :, ', ;, ., \wedge, (,), \{,\}, [,]\}$$

2. 符号串

由字母表中的符号所组成的任何有穷序列被称为该字母表上的**符号串**,也称作"字"。例如,设有字母表$\Sigma=\{a, b, c\}$,那么,序列ab是Σ上的一个符号串;同样序列ba、序列abc、序列$bcca$等都是Σ上的符号串。在语言的理论中,术语"句子"和"字"常常用作术语"符号串"的同义语。一个经常出现的符号串是"空符号串",用特别记号ε表示,空符号串是没有符号的符号串。符号串的正式定义如下:

(1)ε是Σ上的一个符号串;

(2)若x是Σ上的符号串而a是Σ的元素,则xa是Σ上的符号串;

(3)y是Σ上的符号串,当且仅当由(1)和(2)导出。

简言之,由字母表中的符号组成的任何有穷序列称为符号串。

3. 符号串长度

符号串长度是指符号串中含有的符号的个数。

【例 2-1】　求下列符号串的长度。

(1)$x=abc$;

(2)$y=10ab$。

解:

(1)$|abc|=3$;

(2)$|10ab|=4$。

4. 前缀和后缀

设x是某一字母表上的符号串,$x=yz$,则y是x的前缀,z是x的后缀,特别是当$z \neq \varepsilon$时,y是x的真前缀;当$y \neq \varepsilon$时,z是x的真后缀。

5. 子字符串

一个非空字符串x,删去它的前缀和后缀后所得到的字符串称为x的子字符串,简称子串。如果删去的前缀和后缀不同时为ε,则称该子串为真子串。

【例 2-2】　$x=abc$，则：

前缀为 ε、a、ab、abc；

真前缀为 ε、a、ab；

后缀为 abc、bc、c、ε；

真后缀为 bc、c、ε；

子串为 abc、ab、bc、a、b、c、ε；

真子串为 ab、bc、a、b、c、ε。

6. 符号串集合

若集合 A 中的所有元素都是某字母表上的符号串，则称 A 为该字母表上的符号串集合。

2.1.2　符号串的运算

1. 符号串的连接

设 x 和 y 均是字母表 Σ 上的符号串，它们的连接是把 y 的所有符号顺序接在 x 的符号之后所得到的符号串。

对任意一个符号串 x：

$$x\varepsilon=\varepsilon x=x$$

【例 2-3】　$x=ABC$，$y=10A$，则求 xy，yx。

解：

$$xy=ABC10A;$$
$$yx=10AABC。$$

2. 符号串的方幂

设 x 是字母表 Σ 上的符号串，把 x 自身连接 n 次得到的符号串 z，即 $z=xx\cdots xx$（n 个 x）称作符号串 x 的 n 次幂，记作 $z=x^n$。根据定义有：

$$x^0=\varepsilon$$
$$x^1=x$$
$$x^2=xx$$
$$x^3=x^2x=xx^2=xxx$$
$$\vdots$$
$$x^n=x^{n-1}x=xx^{n-1}=xx\cdots xx（n 个 x）$$

【例 2-4】　设 $x=001$，求 x^0，x^1，x^2。

解：

$$x^0=\varepsilon;$$
$$x^2=001001;$$
$$x^3=001001001。$$

3. 符号串集合的乘积

设 A、B 是两个符号串集合，AB 表示 A 与 B 的乘积，则定义 $AB=\{xy|(x\in A)\wedge(y\in B)\}$，运算结果仍然表示符号串的集合。

【例 2-5】　设 $A=\{a,\ bc\}$，　$B=\{de,f\}$，则

$$AB=\{ade,\ af,\ bcde,\ bcf\}$$

注意：有 $\{\varepsilon\}A=A\{\varepsilon\}=A$，$\varnothing A=A\varnothing=\varnothing$，其中 $\varnothing$ 为空集。符号串集合的乘积一般不满足交换律。

4．符号串集合的方幂

设 A 是符号串集合，则称 A^i 是符号串集合 A 的方幂，其中 i 是非负整数。具体定义如下：

$$A^0=\{\varepsilon\}$$
$$A^1=A$$
$$A^2=AA$$
$$\vdots$$
$$A^n=AA\cdots A(n\ 个\ A)$$

【例 2-6】　设 $A=\{a,\ b\}$，则 A^0，A^1，A^2，A^3 的结果为

$$A^0=\{\ \}$$
$$A^1=\{a,\ b\}$$
$$A^2=AA=\{aa,\ ab,\ ba,\ bb\}$$
$$A^3=A^2A=\{aaa,\ aab,\ aba,\ abb,\ baa,\ bab,\ bba,\ bbb\}$$

5．符号串集合的正闭包

设 A 是符号串集合，则称 A^+ 为符号串集合 A 的正闭包。其具体定义如下：

$$A^+=A^1\cup A^2\cup A^3\cup\cdots$$

6．符号串集合的星闭包

设 A 是符号串集合，则称 A^* 为符号串集合 A 的星闭包。其具体定义如下：

$$A^*=A^0\cup A^1\cup A^2\cup A^3\cup\cdots$$

星闭包又称自反闭包或克林闭包。

【例 2-7】　设 $A=\{ab,\ cd\}$，则 A^+，A^* 为

$$A^+=\{ab,\ cd,\ abab,\ abcd,\ cdab,\ cdcd,\ ababab,\ ababcd,\ \cdots\}$$
$$A^*=\{\varepsilon,\ ab,\ cd,\ abab,\ abcd,\ cdab,\ cdcd,\ ababab,\ ababcd,\ \cdots\}$$

2.2　文法和语言的形式定义

如前所述，语言是一个字母表 Σ 上的一些符号串的集合，在这个集合中，每个符号串都符合这个语言的语法规则。在给出程序语言的文法和语言的形式定义之前，先考察自然语言中的情形。

我们分析一个具体的英语句子，从它出发引出有关文法和语言的概念。请考虑英语句子"The grey wolf will eat the goat"。根据英语知识，可以将其进行图解，如图 2-1 所示。这是一棵有序有向树（简称树）。这种图解把句子分解成几个组成部分。由图 2-1 可以看出，<句子>是由<主语>后随<谓语>组合而成的；<主语>又是由<冠词>后随<形容词>再随<名词>构成的，等等。

为了描述这种结构，在图 2-1 中使用了一些新的符号，即所谓语法单位(或称语法实体)，如<句子>、<主语>、<冠词>等。图 2-1 中凡是用尖括号"<"和">"括起来的都是语法单位，这样就把所用到的语法单位和语言中的保留字较为明显地区分开了。

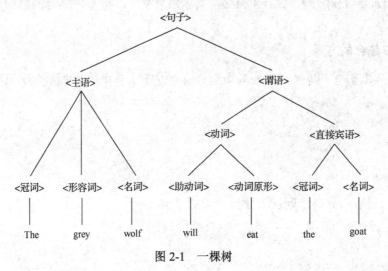

图 2-1　一棵树

如前所述，图 2-1 表明<句子>是由<主语>后随<谓语>组合成的。为了能机械地进行这样的分解，必须给出一些形式的、精确的规则，用以表明句子的结构。如果我们用符号"→"(或"::=")表示"定义为"(或"由……组合成的")，用符号"|"表示"或"，那么，我们可使用这些符号描述规则。在此例中所需要的全部规则如下：

<句子> → <主语><谓语>　　　　　　　　(1)

<主语> → <冠词><形容词><名词>　　　　(2)

<冠词> → the　　　　　　　　　　　　(3)

<形容词> → grey　　　　　　　　　　　(4)

<谓语> → <动词><直接宾语>　　　　　　(5)

<动词> → <助动词><动词原形>　　　　　(6)

<助动词> → will　　　　　　　　　　　(7)

<动词原形> → eat　　　　　　　　　　　(8)

<直接宾语> → <冠词><名词>　　　　　　(9)

<名词> → wolf　　　　　　　　　　　　(10)

<名词> → goat　　　　　　　　　　　　(11)

后面的两个规则可以写在一起：

<名词> → wolf|goat

规则(1)读作：<句子>是由<主语>后随<谓语>组合而成的，或读作：<句子>定义为<主语>后随<谓语>；规则(2)则读作：<主语>是由<冠词>后随<形容词>再后随<名词>组合而成的；等等。

2.2.1　形式语言

形式语言(序列的集合)定义为给出字母表 Σ，则 Σ 上任意字符串的集合就是 Σ 上的一个语言，记为 L。该语言的每一个字符串，就是语言 L 的一个语句或句子。(在本课程中，语言被认为是句子的集合。所以，一个语言就是对应于它的字母表上的一个符号串集合 Σ^*。)

具体地说，每个形式语言都是某个字母表上按某种规则构成的所有符号串的集合。反之，任何一个字母表上符号串的集合均可定义为一个形式语言。对于每个具体语言，都有语法和语义两个方面，形式语言不考虑语言的具体意义，即不考虑语义。

例如，正确的英文句子的集合是定义在 26 个英文字母表上的语言，按照 C 语言的语法正确构造出来的 C 程序集合是定义在 C 字符集上的语言，而每个 C 语言程序是基本符号的符号串。

形式语言的描述方法有两种：有穷语言和无穷语言。

(1)有穷语言：语言为有穷集合时，用枚举方法来表示语言。

【例 2-8】　设有字母表 $\Sigma=\{a, b, c\}$：

$$l_1=\{a, b, c\}$$
$$l_2=\{a, aa, ab, ac\}$$
$$l_3=\{c, cc\}$$

l_1，l_2，l_3 均表示字母表 Σ 上的一个形式语言。由于这 3 个语言均是有限符号串的集合，因此可枚举出全部句子来表示该语言。

(2)无穷语言：无穷语言为无穷集合，是不能用枚举方法来表示的语言。

并不是所有语言都是有穷集，例如，设字母 $\Sigma=\{0, 1\}$，则 $\Sigma^+=\Sigma^1\cup\Sigma^2\cup\Sigma^3\cup\cdots=\{0, 1, 00, 10, 11, 01, 000, 100, \cdots\}$，它是 0 和 1 构成的所有可能的符号串的集合。对这种无穷集合的语言，无法用枚举法来描述，我们需要设计文法来描述无穷集合的语言。

2.2.2　文法的形式定义

程序语言的语法，通常用上下文无关文法描述。所谓上下文无关文法是这样一种文法，它所定义的语法单位(也称语法范畴，或称语法实体)是完全独立于这种语法单位可能出现的上下文环境的。我们知道，在自然语言中，一个句子、一个词乃至一个字，它们的语法性质和所处的上下文往往有密切的关系。因此，上下文无关文法虽然不足以描述任何自然语言，但对于现今的程序语言来说，上下文无关文法基本够用。

文法是指描述语言的语法结构的形式规则，上下文无关文法被用来精确而无歧义地描述语言的句子的构成方式。一个上下文无关文法 G 是一个四元组 $G=(V_T, V_N, S, P)$，其各部分的含义如下。

(1)V_T 是一个非空的有限集合，它的每个元素称为终结符号或终结符，一般用小写字母表示。它是组成语言的基本符号。在程序设计语言中就是以前屡次提到的单词符号，如保留字、标识符、常数、算符、界符等。从语法分析的角度看，终结符是一个语言的不可再分的基本符号。

(2)V_N 是一个非空的有限集合，它的每个元素称为非终结符号或非终结符，一般用大写字母表示。它也称为语法变量，用来代表语法单位，如"算术表达式"、"布尔表达式"、"赋值句"、"子程序"、"函数"等。一个非终结符代表一个确定的语法概念，是一个类(集合)记号，而不是一个个体记号。非终结符是一个语法范畴，表示一类具有某种性质的符号，它不出现在句子中。

设 V 是文法 G 的符号集，则有 $V= V_\text{N} \cup V_\text{T}$，$V_\text{N} \cap V_\text{T} = \varnothing$，即 V_N 和 V_T 的交集为空。

(3) S 是一个特殊的非终结符号，称为文法的开始符号，$S \in V_\text{N}$。

(4) P 是产生式的有限集合。所谓的产生式，也称为产生规则，简称为规则，是按照一定格式书写的定义语法范畴的文法规则。

以后，凡"文法"一词若无特别说明，则均指上下文无关文法。

关于图 2-1 的 11 个规则，可以说构成了一个小型文法。让我们仔细分析一下这个文法，此文法包括如下四个组成部分。

(1) 一组终结符号。这里包括 the、grey、wolf、will、eat 和 goat 六个字。

(2) 一组非终结符号。非终结符号用来代表语法单位。这里包括<句子>、<主语>、<冠词>、<形容词>、<谓词>、<动词>、<助动词>、<动词原形>、<直接宾语>和<名词>十个语法单位。

(3) 一个开始符号。开始符号是一个特殊的非终结符号。这里，<句子>是开始符号。

(4) 一组规则(也称产生式或产生规则)，这里共包括 11 个规则。

【例 2-9】 用一组规则表述语言的句子构成规则。

<句> → <主><谓>；

<主> → <代>|<名>；

<代> → 我|你|他；

<名> → 王明|大学生|英语；

<谓> → <动><宾>；

<动> → 是|学习；

<宾> → <代>|<名>；

<句>⇒<主><谓>⇒<代><谓>⇒我<谓>⇒我<动><宾>⇒我是<宾>⇒我是<名>⇒我是大学生。

【例 2-10】 设字母表 $\varSigma = \{a, b\}$，试设计一个文法，描述语言 $L = \{ab^na|n \geqslant 0\}$。

分析：该语言中符号串的结构特征如下：

当 $n = 0$ 时，$l = \{aa\}$，$(b^0 = \varepsilon)$；

当 $n = 1$ 时，$l = \{aba\}$；

当 $n = 2$ 时，$l = \{abba\}$；

$L = \{aa, aba, abba, \cdots\}$。

所以定义语言的文法如下：

$$G = (\{A, B\}, \{a, b\}, \{A \rightarrow aBa, B \rightarrow Bb|\varepsilon\}, A)$$

【例 2-11】 已知文法 $G[E]$

$$E \rightarrow E+T \,|\, T$$
$$T \rightarrow T*F \,|\, F$$
$$F \rightarrow (E) \,|\, a$$

该文法的终结符 $V_\text{T} = \{a, +, *, (,)\}$；非终结符 $V_\text{N} = \{E, T, F\}$。

2.2.3　语言的形式定义

文法的作用是描述某种语言的句子的构成方式，使用文法可以产生对应语言的句子。那么如果给定一个文法，如何确定该文法所定义的语言呢？

具体过程为：从文法的开始符号出发，将当前产生式左部符号串中的非终结符替换为相应产生式右部的符号，如此反复，直至最终符号串全部由终结符号组成。如此得到的终结符号串的全体就是该文法所产生的语言。

1. 直接推导

令 G 是一个文法，从 xAy 直接推导出 xay，即 $xAy \Rightarrow xay$，仅当 $A \rightarrow a$ 是 G 的一个产生式，且 $x, y \in (V_T \cup V_N)^*$，也就是说，从符号串 xAy 直接推导出 xay 仅使用一次产生式。

"$\Rightarrow$" 的含义是使用一条产生式，用产生式的右部替换产生式的左部的过程。

【例 2-12】 设有文法 $G[S]$：

> $S \rightarrow 01 \mid 0S1$

有如下直接推导。

> $S \Rightarrow 01$（使用规则 $S \rightarrow 01$）

此时：$x = \varepsilon$，$y = \varepsilon$。

> $0S1 \Rightarrow 0011$（使用规则 $S \rightarrow 01$）

此时：$x = 0$，$y = 1$。

2. 推导

如果存在直接推导序列：

> $\alpha_0 \Rightarrow \alpha_1 \Rightarrow \alpha_2 \alpha \Rightarrow \alpha_3 \Rightarrow \cdots \Rightarrow \alpha_n$

则称这个序列是一个从 α_0 至 α_n 的长度为 n 的推导。它表示从 α_0 出发，经一步或若干步（或者说是用若干次产生式）可推导出 α_n。

【例 2-13】 设有文法 $G[E]$：

> $E \rightarrow E + T \mid T$
> $T \rightarrow T * F \mid F$
> $F \rightarrow (E) \mid i$

求 $i + i * i$。

> $E \Rightarrow E + T \Rightarrow T + T \Rightarrow F + T \Rightarrow i + T \Rightarrow i + T * F \Rightarrow i + F * F \Rightarrow i + i * F \Rightarrow i + i * i$

3. 广义推导

$\alpha \Rightarrow^* \beta$：表示 α 通过 0 步或多步可推导出 β，上个例子可以写成

> $E \Rightarrow^* i + i * i$

4. 句型

设有文法 G，S 是文法的开始符号，如果有 $S \Rightarrow^* \beta$，$\beta \in (V_T \cup V_N)^*$，则称符号串 β 为文法 G 的句型。

5. 最左(最右)推导

如果在句子的每步推导中都坚持替换当前句型中的最左(最右)非终结符，那么句子的这种推导过程称为最左(最右)推导，最右推导称为规范推导。

【例 2-14】 文法 G:

$$E \to E+T \mid T$$
$$T \to T*F \mid F$$
$$F \to (E) \mid i$$

求句子 $i+i*i$(采用最左推导和最右推导)。

最左推导：$E \Rightarrow E+T \Rightarrow T+T \Rightarrow F+T \Rightarrow i+T \Rightarrow i+E*F \Rightarrow i+T*F \Rightarrow i+F*F \Rightarrow i+i*F \Rightarrow i+i*i$

最右推导：$E \Rightarrow E+T \Rightarrow E+T*F \Rightarrow E+T*i \Rightarrow E+F*i \Rightarrow E+i*i \Rightarrow T+i*i \Rightarrow F+i*i \Rightarrow i+i*i$

规范推导的逆过程也称为最左归约。

6. 左(右)句型

用最左推导方式导出的句型称为左句型，用最右推导方式导出的句型称为右句型(规范句型)。

7. 句子

句子是句型的特例。设有文法 G，S 是文法的开始符号，如果有 $S \Rightarrow^* \beta$，$\beta \in V_T^*$，则称符号串 β 为文法 G 的**句子**，如果 β 只包含终结符，则称 β 为文法 G 的句子。

文法 G 的句子的全体称为它所产生的**语言**，记作 $L(G)$。

$$L(G) = \{u \mid S \Rightarrow^* u, \ u \in V_T^*\}.$$

文法 G 所定义的语言是其开始符号所能推导的所有终结符号串(句子)的集合。

【例 2-15】 设有文法 $G[S]$:

$$S \to 01 \mid 0S1$$

有如下推导：

$$S \Rightarrow 01$$
$$S \Rightarrow 0S1$$
$$S \Rightarrow 00S11$$
$$S \Rightarrow 000111$$

S，01，$0S1$，$00S11$，000111 都是句型；01，000111 是句子。

【例 2-16】 设有文法 $G[E]$:

$$E \to E+E \mid E*E \mid (E) \mid i$$

试证明：符号串 $(i*i+i)$ 是文法 $G[E]$ 的一个句子。

证明：$E \Rightarrow (E) \Rightarrow (E+E) \Rightarrow (E*E+E) \Rightarrow (i*E+E) \Rightarrow (i*i+E) \Rightarrow (i*i+i)$

所以符号串 $(i*i+i)$ 是文法 $G[E]$ 的一个句子。

【例 2-17】 设有文法 $G[S]$，$S \to 01 \mid 0S1$，求该文法所描述的语言是什么？

分析：问题归结为：由开始符号 S 出发将推导出一些什么样的句子，也就是说，$L(G[S])$ 是由一些什么样的符号串组成的集合，找出其中的规律，用式子表达出来。首先应用第二个产生式 $n-1$ 次，然后应用第一个产生式 1 次，有：

$$S \Rightarrow 0S1 \Rightarrow 00S11 \Rightarrow 000S111 \Rightarrow \cdots 0^{n-1}S1^{n-1} \Rightarrow 0^n1^n$$

即

$$S \Rightarrow 0^n1^n$$

可见，此文法定义的语言为

$$L(G[S]) = \{0^n1^n \mid n \geqslant 1\}$$

2.3　语法树与文法二义性

前面介绍了句型、推导等概念，现在介绍一种描述推导过程的直接方法，即语法树，也称推导树或分析树，并介绍文法二义性的定义及如何判断一个文法是否是二义性文法。

2.3.1　语法树

定义：设 G 是给定的文法，称满足下列条件的树为 G 的一棵**语法树**。

a. 每个结点都标有 G 的一个文法符号，且根结点标有初始符 S，非叶结点标有非终结符。

b. 如果一个非叶结点 A 有 n 个儿子结点 $B_1, B_2, \cdots, B_n$（按从左到右的顺序），则 $A \rightarrow B_1B_2 \cdots B_n$ 一定是 G 的一个产生式。

语法树是推导过程的图形表示，这种表示方式有助于理解一个句子语法结构的层次。在推导过程中，当某个非终结符被它的某个产生式右部所替代时，这个非终结符的相应结点就产生出下一代结点，产生式右部的每个符号依次对应地标记了新产生的结点，每个新结点和父结点之间都有线段相连。在一棵语法树生长的任何时刻，所有那些叶结点上所标记的符号按照从左到右的次序排列起来就是这个文法的一个句型，树的生长过程就是这个句型的推导过程。

例如，对于表达式文法 G：$E \rightarrow E+E \mid E*E \mid (E) \mid i$，符号串 $i+i*i$ 显然是此文法的合法句型，这个句型的最左推导过程是：

$$E \Rightarrow E+E \Rightarrow i+E \Rightarrow i+E*E \Rightarrow i+i*E \Rightarrow i+i*i$$

这是句型 $i+i*i$ 的最左推导序列，这个推导过程的每一步均可用语法树表示，如图 2-2 所示。

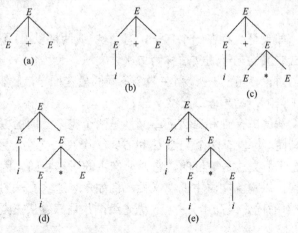

图 2-2　句型 $i+i*i$ 最左推导过程的语法树表示

显然，句型 $i+i*i$ 的这个最终语法树和该句型的一个最右推导的最终语法树一样：

$$E \Rightarrow E+E \Rightarrow E+E*E \Rightarrow E+E*i \Rightarrow E+i*i \Rightarrow i+i*i$$

也就是最终语法树忽略了不同的推导次序。不难看出，每棵语法树都有和它对应的最左推导和最右推导，从最终语法树本身看不出推导的次序，这样的一棵语法树是这些不同推导过程的共性抽象。

如果使用一种确定的推导方式，如最左推导，一个句型的最左推导是否一定唯一呢？也就是这个句型所对应的语法树是否只有唯一的一棵呢？

对于上面提到的表达式文法，它的句型 $i+i*i$ 就存在另一种完全不同的最左推导：

$$E \Rightarrow E*E \Rightarrow E+E*E \Rightarrow i+E*E \Rightarrow i+i*E \Rightarrow i+i*i$$

这个最左推导所对应的语法树如图 2-3 所示。

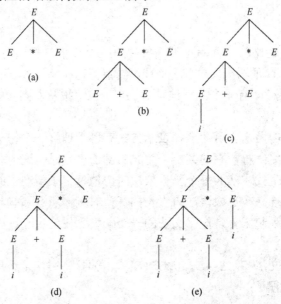

图 2-3　句型 $i+i*i$ 另一种最左推导过程的语法树表示

2.3.2　文法二义性

对于一个文法 G，如果至少存在一个句子，有两棵（或两棵以上）不同的语法树，则称该句子是二义性的。包含二义性句子的文法称为二义性文法。

根据定义和前面的讨论，句子 $i+i*i$ 存在两个不同的最左推导，显然它是二义性的，因此表达式文法 G：$E \rightarrow E+E|E*E|(E)|i$ 是二义性文法。

值得指出的是，文法的二义性和语言的二义性是两个完全不同的概念。并非由于文法的二义性，语言就有二义性。可以有两个文法 G 和 G'，一个有二义性，另一个没有二义性，但有 $L(G)=L(G')$，即这两个文法是等价的，它们所产生的语言相同。因此，在实际应用中可以对文法进行等价变换，以消除文法中的二义性。例如，表达式文法 G：$E \rightarrow E+E|E*E|(E)|i$，可以通过人为规定"*"的优先级高于"+"的优先级，并且都遵从左结合，构造出与之等价的无二义性文法 G'。

2.4　文法和语言的分类

一个文法的核心是产生式集合，它决定了文法所产生的语言。根据产生式所受的限制不同，乔姆斯基将文法分为四类，四类文法对应四种类型的语言，通常称之为乔姆斯基体系。

1．0 型文法（短语型文法）

如果对文法 G 中的任一产生式 $\alpha \rightarrow \beta$ 不加任何限制，则称 G 为 0 型文法或短语型文法。其中，α 和 β 是符号串。

0 型文法又称短语型文法，有时也称为无限制文法。

0 型语言由图灵机（Turing Machine，TM）识别。

2．1 型文法（上下文相关文法）

如果对文法 G 中的任一产生式均限制为形如：

$$\alpha A \beta \rightarrow \alpha \gamma \beta$$

其中 $A \in V_N$，α，$\beta \in (V_T \cup V_N)^*$，$\gamma \in (V_T \cup V_N)^+$，则称文法 G 为 1 型文法或上下文相关文法。

上下文相关语言由线性有界自动机（Liner Bounded Automata，LBA）识别。

3．2 型文法（又称上下文无关文法）

如果对文法 G 中的任一产生式均限制为形如：

$$A \rightarrow \alpha$$

其中 $A \in V_N$，$\alpha \in (V_T \cup V_N)^*$，则称 G 为 2 型文法或上下文无关文法。

在 2 型文法中，用 α 取代非终结符 A 时，与 A 所在的上下文无关，所以称之为上下文无关文法。

上下文无关语言用下推自动机（Push Down Automata，PDA）识别。

上下文无关文法用于描述程序语言的语法规则。

【例 2-18】　文法 G：$S \rightarrow aSb | ab$。

容易验证，G 为 2 型文法，G 产生的语言为：

$$L(G) = \{ a^n b^n | n \geqslant 1 \}$$

【例 2-19】　文法 G：$S \rightarrow aPd | abcd$。

$$P \rightarrow bPc | bc$$

容易验证，G 为 2 型文法，G 产生的语言为：

$$L(G) = \{ a^n b^m c^m d^n | m, \ n \geqslant 1 \}$$

4．3 型文法（又称线性文法、正则文法、正规文法）

如果对文法 G 中的任一产生式均限制为形如：$A \rightarrow \alpha B$ 或 $A \rightarrow \alpha$，其中 A，$B \in V_N$，$\alpha \in V_T$，则称文法 G 为 3 型文法。

上述形式的 3 型文法也称为右线性文法，3 型文法还有另一种形式，称为左线性文法。如果对文法 G 中的任一产生式均限制为形如：$A{\rightarrow}B\alpha$ 或 $A{\rightarrow}\alpha$ ，其中 A，$B{\in}V_N$，$\alpha{\in}V_T$，这样的 3 型文法称为左线性文法。

例如：文法 G：$S{\rightarrow}S0|0$。

3 型文法又称为正规文法或正则文法（Regular Grammar）。正则语言用有限自动机（Finite Automata，FA）识别。正规文法用于描述程序语言的词法规则。

2.5 词法分析的任务

词法分析是编译程序的第一阶段，主要任务是从左到右扫描源程序，产生用于语法分析的单词符号序列。本节主要介绍词法分析的任务及其与语法分析的接口。

2.5.1 词法分析的任务描述

编译器总是要用某种程序设计语言来写，而任何一种语言的程序其操作对象必须是该语言所规定的数据。编译器的操作对象是程序中的各种语法单位，如常量声明、类型声明、变量声明、过程声明、表达式、语句等。而它们的最小单位是所谓的**单词**，也称为**词法单元**。单词是语言中具有独立意义的最小单位，包括保留字、标识符、运算符、标点符号和常量等。为实现对程序设计语言的分析，要把**每个单词转换成一种数据形式**，通常称它们为 Token（单词符号）。因而，词法分析器的任务可以描述成：从源程序的字符串序列逐个地拼出单词，并构造相应的 Token 序列送给语法分析器。主要任务包括：

（1）组织源程序进行输入，并按照规则识别单词，将其转换成计算机内的表示；

（2）剥去源程序中的注释和由空格符、制表符或换行符等引起的空白；

（3）发现并定位词法错误，把来自编译器各个阶段的错误信息和源程序联系起来，如词法分析器在工作过程中记住当前处理的字符的行号，从而将源程序行号和错误信息联系到一起。

2.5.2 词法分析器与语法分析器的接口

在前面的论述中提到，编译器的一些活动会交叉进行，词法分析器与语法分析器之间的典型关系如图 2-4 所示。

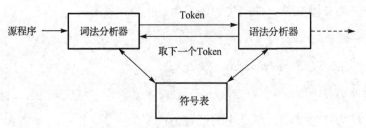

图 2-4　词法分析器与语法分析器的关系

在词法分析器的实现中，词法分析器的处理结构有两种，如图 2-5 所示。一种是作为语法分析的一个子程序，另一种是词法分析完成编译器的独立一遍任务。前一种情形，词法分析器不断地被语法分析器所调用，每调用一次，词法分析器就从源程序的字符序列拼出一个单词，并将其 Token 值返回给语法分析器。后一种情形则不同，词法分析器不是被别的部分不断地调用，而是完成编译器的独立一遍任务，具体来说就是将整个源程序的字符序列转换成 Token 序列，并将其交给语法分析器。

(a) 词法分析作为子程序

(b) 词法分析完独立的一遍任务

图 2-5　词法分析器的两种处理结构

在实际实现中编译器一般都采用子程序方式，但是为了独立地介绍词法分析、语法分析和语义分析的概念和技术，我们将词法分析部分分离出来，即作为独立一遍的词法处理器来介绍。把词法分析安排为独立一遍的词法处理器的好处是，它可使整个编译程序的结构更简洁、清晰和条理化。从实际的角度来说，这种方法有以下缺点：一是因为它要生成 Token 列，自然会多占用空间；二是因为要保存所有的 Token，需要耗费更多的时间。在后面的讨论中，假定词法分析器是按子程序方式进行工作的。

2.6　词法分析程序的输出形式

设计词法分析程序的首要任务是对源语言的单词进行仔细分析，并列出所有可能的不同单词，然后确定单词的内部表示。单词的内部表示没有固定的模式，即其结构可随编译器的不同而不同。

2.6.1　单词符号的分类

词法分析程序的功能是读入源程序，输出**单词符号**。单词符号是一个程序设计语言的基本语法符号，具有确定的意义。按照 2.5.1 节的描述，程序设计语言的单词符号一般可分成下列 5 种。

(1) 保留字，也称关键字或基本字，如 C 语言中的 main、if、while 和 int 等，这些字保留了语言所规定的含义，是编译程序识别各类语法成分的依据。大多数程序设计语言都限制用户使用保留字作为标识符。

(2) 标识符，用来表示各种名字，如常量名、变量名和过程名等，通常由用户自己按照程序设计语言的规定来定义。

(3) 常数，各种类型的常数，如 368、3.14159、TRUE 和"ABC"等。

(4) 运算符，如+、-、*、<=、= =等。

(5) 界符，作为语法分界符使用，如逗点、分号、括号等。

通常，在一个程序设计语言中，保留字、运算符和界符的个数是确定的，而标识符和常数的个数是不确定的。

2.6.2　词法分析程序单词的输出形式

词法分析程序输入源程序的字符串序列，输出的是与源程序等价的单词符号序列，而所输出的单词符号常常采用如下二元式形式表示：

（单词种别，单词自身的值）

1．单词种别

单词种别表示单词的种类，是语法分析需要的信息。一个程序设计语言的单词符号如何分类、分成几类及其如何编码都是技术问题，没有特别明确的规定，主要取决于处理上的方便。通常情况下，单词种别可以用整数编码表示，称为**单词符号种别码**，利用这个种别码可以最大限度地把各个单词区别开来。编码的方法可以采用多种不同形式。例如，对于保留字可以将其全体视为一种也可以一字一种，而采用一字一种的方法处理起来更方便一些；标识符通常视为一种；常数可以归为一种，也可以按照不同类型分成多种；运算符和界符可以一符一种，也可以总体归为一种。

2．单词自身的值

单词自身的值是编译其他阶段需要的信息。对于单词符号来说，如果一个种别仅含有一个单词符号，则这个单词符号种别码就完全代表了该单词符号自身的值。如果一个种别含有多个单词符号，则对这个单词符号除了给出种别码之外还应给出其自身的值，以便把同一种类的单词区别开来。例如在 C 语句 int i=25,yes=1；中的单词 25 和 1 的种别都是常数，常数的值 25 和 1 对于代码生成来说是必不可少的。标识符自身的值就是标识符自身的字符串，而常数自身的值就是常数本身的二进制值。

有时，对某些单词来说，不仅需要它的值，还需要其他一些信息以便编译的进行。例如，对于标识符来说，还需要记载它的类别、层次和其他属性，如果这些属性都收集在符号表中，那么可以将单词的二元式表示设计成如下形式：

（标识符，指向该标识符在符号表中位置的指针）

常数也可以用其在常数表的入口指针作为它的自身值。

【例 2-20】　假如标识符编码为 1，常数为 2，保留字为 3，运算符为 4，界符为 5，C++程序段如下：

```
While(i>5) sum+=i;
```

经词法分析器扫描后输出的单词符号和它们的表示如下：

```
保留字 while(3, 'while')
界符((5, '(')
标识符 i(1, 指向 i 的符号表入口)
大于号>(4, '>')
常数 5(2, '5')
界符)(5, ')')
标识符 sum(1, 指向 sum 的符号表入口)
加号+(4, '+')
```

```
赋值号=(4, '=')
标识符 i(1, 指向 i 的符号表入口)
分号；(5, ';')
```

2.6.3　词法错误

词法分析阶段很难发现标识符和常数等单词的错误，甚至符号的错误连接也不一定能检查出来，因此，词法分析器所能发现的错误是极为有限的。实际上它只能检查出语言所不允许的错误符号，偶尔可以发现某些单词后继字符的错误。

词法错误处理的主要问题是：当发现一个词法错误时立即停止分析是不合理的，因此要想办法把分析过程继续下去。完成这种任务的工作称为词法错误校正。值得注意的是，这里说的错误校正并不意味着把错误改正为用户所需要的正确形式，这是根本办不到的事情。那么词法错误校正究竟是指什么？其实际含义是采取一定的补救措施把词法分析过程继续进行下去，并且尽可能使得源程序中的单词在补救后仍成为同样的单词。可以考虑下面几种手段：

- 删除已被读过的字符，并重新开始扫描未被读过的字符；
- 删除已被读过的第一个字符，并重新开始扫描它的后继部分的字符；
- 用一个正确的字符代替一个不正确的字符；
- 交换两个相邻的字符。

以上这些手段都是合理的。其中第一种手段很容易做到，这时只需重置 Scanner，并重新开始扫描。第二种手段相对困难一些，但比较安全(很少情形下直接被删除)，它可用在缓冲技术实现中。

最常见的词法错误是，非法符号作为一个**单词符号**的头字符出现。对于这种情形，上述第一、二种手段的作用是一样的。词法错误校正可能产生语法错误。例如，"beg#in"将被校正为"beg in"，很可能产生语法错误，这是不可避免的。一个好的语法错误校正方法有可能合理地校正过来(不一定完全正确)。

如果有语法错误校正机制，那么在发现词法错误时，返回一个特殊的带警告的单词符号是很有用的。被警告单词符号的语义值是一个字符串，它是重新开始扫描时被删除的部分。语法分析器遇到被警告的单词，意味着警告下一单词是不可靠的，需要错误校正。这时被删除部分的文本将有助于进行合理的错误校正。

有些词法错误需要特别注意。越行串和越行注释的处理可能得到特殊的错误信息。首先考虑越行串，越行串是指一个字符串被分成多行。通常，符号串不允许越行，但输入程序时由于一个字符串太长可能要换行，而换行符在词法分析中是不被删除掉的，因此就会产生含换行单词符号的字符串，显然这与字符串的原始定义相矛盾。当到达行界时越行串将被发现。对于这种错误，采用通常的校正方法可能是不合适的。特别是，删除第一个字符(双引号)并重新开始扫描的方法最有可能引出一系列其他错误。

处理越行串的一种方法是引进带错误警告的单词符号，它表示该单词符号是被换行符结束的越行串，而不是被双引号结束的串。不被换行符切断的正确的双引号串可表示为：

```
"(Not("|Eol)|" ")* "
```

它表示字符串具有形式 "………"，而双引号内部是由非 "、非↲(换行符)和 " " 组成的符号串，其中 Eol 是行结束符↲。以↲作为结束符的字符串则可表示为：

```
"(Not("|Eol)|"")* Eol
```

它表示字符串具有形式 " ………↵，其中虚线部分同前。

当发现越行串时，将发出特殊的错误信息，进而将串校正为正确的串。这是通过去掉越行串的开引号和越行结束符 Eol 的方法来实现的，这种校正不一定完全正确。如果属于真正遗漏闭引号的情形，那么上述校正是很好的；如果它出现在接续行之后，则会产生一系列不合理的词法错误和语法错误。

2.7 词法分析程序的设计与实现

本书将按照词法分析器的任务要求和功能，将词法分析器作为一个独立的子程序来考虑词法分析器的设计。

2.7.1 输入和预处理功能

词法分析器的基本任务是对源语言进行从左到右的扫描，对输入串进行仔细的分析，然后列出所有可能的不同单词。在进行单词分析过程中，第一步是输入源程序，输入串放在一个缓冲区中，然后经过预处理程序进行处理后送入扫描器。词法分析器的结构如图 2-6 所示。

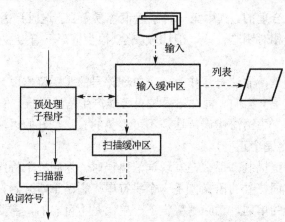

图 2-6 词法分析器的结构

词法分析过程中输入的源程序放在输入缓冲区中，词法中的单词识别可以直接在这个缓冲区中进行。通常在进行具体的单词识别之前，先进行预处理。由于在输入源程序时将输入很多空格符(空格键)、换行符(回车键)和制表符(Tab 键)。其中的空格符将占很大空间，而且它只有词法意义而没有语法和语义上的意义(个别语言例外，字符串内的例外)，它们不是程序的必要组成成分，因此在生成 Token 序列时可把它们删除(源程序文件不变)。制表符、换行符也是如此。

因而，在词法分析过程中，构造一个预处理程序，完成上述任务。每当词法分析器调用它时，它就处理出一串确定长度(如 120 个字符)的输入字符，并将其装入词法分析器所指定的缓冲区(即扫描缓冲区)。这样，分析器可以在扫描缓冲区中直接进行单词符号的识别，而无须关心其他的事物。

分析器对扫描缓冲区进行扫描时一般使用两个指示器，一个指向当前正在识别的单词的开始位置(即新单词的首字符)，另一个用于向前搜索以寻找单词的终点，如图 2-7 所示。

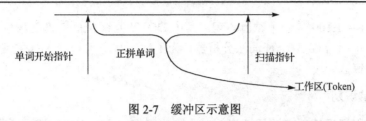

图 2-7　缓冲区示意图

2.7.2　单词符号的识别

在词法分析器调用预处理程序处理出一串输入字符放进扫描缓冲区之后，分析器就从此缓冲区逐一识别单词符号，当缓冲区里的字符串被处理完之后，又调用预处理程序装入新串。在识别单词符号的过程中，一般应构造尽可能长的单词符号，但是，在实际工作中这种策略未必适用。例如，通常的情况下 X12 是一个标识符，而不是一个标识符后跟一个整数；但是，在 FORTRAN 语言中语句 DO 10　I=1,100 是循环的起始语句，其中 I 是循环变量，它取值 1 到 100。DO 10　I 就不是一个标识符，它是一个关键字后跟一个语句标号 10。这种情况如何解决呢？一般情况下，在有些语言里，为了识别出这样的单词，我们采取向前看源程序的一个或几个字符的方法。这种方法称为超前搜索技术。

按照这种技术，我们来讨论词法分析中单词符号的识别。

1．关键字的识别

实际程序设计语言都有一些关键字(如 if 和 begin)。如果语言里规定关键字不能作为用户定义的标识符，则称它们为保留字。大部分语言把关键字作为保留字，这将简化程序中的很多分析工作，也增强了程序的可读性和可靠性。因此，即便是语言允许关键字可由用户定义，为了防止出错，最好还是避免把关键字定义成用户的其他标识符。而且如果语言里有很多关键字，那么缺乏经验或不太熟悉的程序员，难免会出现上述情况，因此好的语言应该规定关键字都是保留字。

保留字的特点是：其结构和标识符的结构一致。这一点给实现带来了较大的麻烦。主要是如何识别保留字的问题。总的来说，其实现方法可分为两大类：一是用保留字表；二是不用保留字表。

最容易实现的是用保留字表的方法。其主要思想是事先构造好保留字表(它是保留字名字到相应 Token 的一种对应表)，并把保留字也当作一般标识符，拼出其单词部分，然后查保留字表，若有，则把它作为保留字处理(其 Token 值从保留字表得到)；若没有，则按用户的一般标识符来处理。这是一种先拼后判断的方法。

用保留字表的具体实现技术也可分为几种：最简单的方法是采用顺序查表技术，但其速度慢；第二种方法是采用散列技术表，其优点是能提高速度；第三种方法将采用散列和顺序查表技术结合起来，如把长度相同的保留字放在同一表中(分成多个子表)，并以保留字的长度为散列值，这是用散列技术求子表头地址并用顺序查表的一种方法。

不用保留字表方法的主要思想是，在拼的时候就判断是否保留字，当拼完时也就判断完，因此不需要再判断。换句话说，就是把保留字和一般标识符分开拼而不统一拼。这种方法在使用过程中要注意保留字与标识符的识别区别。

例如，语句 DO 10　I = 1,100 是循环的起始语句，其中 I 是循环变量，它取值 1 到 100。

而语句 DO 10　I = 1.100 是一个赋值语句，其中 DO10I 是赋值的左部变量（在 FORTRAN 里空格不起作用）。一个 FORTRAN 词法分析器，为了确定其中的 O 是 DO 关键字的末尾字符，必须往前扫描到逗点。

2．标识符的识别

通常情况下程序设计语言的标识符都有明确的规定，且标识符的后面通常跟有界符或算符，所以识别应该没有问题。

3．常数的识别

一般程序设计语言的算术常数的表示都基本相同，识别也类似，但是在某些语言里存在超前搜索问题。

4．算符和界符的识别

在程序设计语言中，算符和界符的个数是固定的，因而也可以采用查表法来实现。

如果掌握程序设计语言的词法规则，就可以构造一个词法分析器。词法分析器如何识别单词呢？下面介绍描述单词符号的工具——状态转换图。

2.7.3　状态转换图

在词法分析中，可以用状态转换图描述单词的识别。状态转换图是一个有限方向图。在状态转换图中，结点代表状态，用圆圈表示；结点之间用有向边连接，边上可标记字符。例如，图 2-8 表示在状态 1 下，若输入字符 x，则读进 x 并转换到状态 2；若输入字符 y，则读进 y 并转换到状态 3。

状态转换图中的状态数（即结点数）是有限的，有一个状态标记为开始状态（简称初态），就是状态转换图的初启状态，开始识别单词时，控制进入初启状态，有若干个终止状态（简称终态），终态的结点用双圈表示，以区别于其他结点。图 2-9 给出了识别标识符和保留字、无符号数的状态转换图。

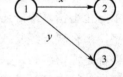

图 2-8　不同输入字符的状态转换

在状态转换图中，从开始状态出发，到达某一个终态时，即说明该词法分析器识别了相应的单词。而某些终态只有在它最后一步读了一个不属于它的单词符号后才能识别该单词，也就是在其识别单词的过程中多读入了一个符号。所以识别出相应的单词后应该将多读的单词符号予以回退。为了完成回退操作，可在相应的终态上标识"*"。在识别单词的过程中，终态对应 return() 操作。

2.7.4　状态转换图的实现

状态转换图最简单的实现方法是让状态转换图中的每结点对应一小段程序。状态转换图中的结点可以分为三类：循环结点、分支结点和终止结点。其中，循环结点可以用循环语句描述其动作；分支结点可以用条件语句描述其动作；终止结点能够识别出一个字或一个单词，并返回该单词的机内表示。

为了实现状态转换图，我们可以引进一组变量和过程。

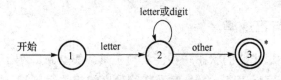

(a) 标识符和保留字的状态转换图

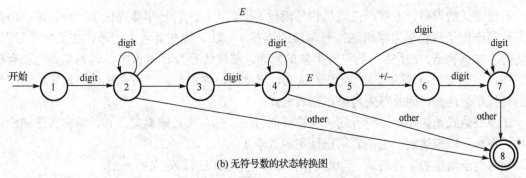

(b) 无符号数的状态转换图

图 2-9 标识符和保留字、无符号数的状态转换图

(1) ch：字符变量，存放最新读进的源程序字符。

(2) strToken：字符数组，存放构成单词符号的字符串。

(3) GetChar()：该子函数的功能是将下一输入字符读到 ch 中并将搜索指示器前移一个字符位置。

(4) GetBC()：该子函数的功能是检查 ch 中的字符是否为空白，若是，则调用 GetChar 直至 ch 中进入一个非空白字符。

(5) Concat()：该子函数的功能是将 ch 中的字符连接到 strToken 之后。例如，假定 strToken 原来的值为 "AB"，而 ch 中存放着 "C"，经调用 Concat 后，strToken 的值就变为 "ABC"。

(6) IsLetter() 和 IsDigit()：它们分别判断 ch 中的字符是否为字母和数字。

(7) Reserve()：返回值为整型的函数，其功能是对 strToken 中的字符串查找保留字表，若它是一个保留字则返回它的编码，否则返回 0 值(假定 0 不是保留字的编码)。

(8) Retract()：将搜索指示器回调一个字符位置，将 ch 置为空白字符。

(9) InsertId()：返回值为整型的函数，其功能是将 strToken 中的标识符插入符号表，返回符号表指针。

(10) InsertConst()：返回值为整型的函数，其功能是将 strToken 中的常数插入常数表，返回常数表指针。

只要编制出上述函数和过程，就可以很方便地构造状态转换图对应的程序。

2.8　正规表达式与有限自动机

单词是程序设计语言的基本语法符号。在进行编译的过程中，单词符号语法可以用有效的工具进行描述，并且，基于这样的工具，可以建立词法分析技术。状态转换图虽然能够构造行之有效的词法分析程序，但是，为了便于词法分析器的自动生成，还需要将状态转换图的概念进一步形式化，为此，引入正规表达式和自动机的概念。

2.8.1 正规表达式与正规集

正规表达式是一种形式化的状态转换图实现工具。第 2 章介绍了与这种工具相关的基本术语和概念，如符号、字母表 Σ、符号串及其符号串的相关运算等。

1. 正规表达式及正规集的概念

前面定义的乘积、方幂、正闭包和星闭包等概念为构造符号串集提供了一种方法。但这些方法只给出了从符号串集构造符号串集的最基本方法。现在要考虑的是，在给定字母表 Σ 的情况下如何构造 Σ 上所需一些符号串集的问题。描述程序设计语言中单词的工具主要有以下三种：正则文法（3 型文法）、正则表达式、自动机，它们的功能彼此相当。最简单而数学化的是正则表达式，因此首先考虑正则表达式。

正规表达式是描述单词符号的一种重要的方法，是定义正规集的工具，简称为**正规式**。正规式也称**正则表达式**，也是表示正规集的数学工具。

通常对于给定的字母表 Σ，正规式和正规集可以采取递归定义的方法。

设字母表为 Σ，辅助字母表 $\Sigma'=\{\Phi,\ \varepsilon,\ |,\ ,,\ *,\ (,\ )\}$。

① ε 和 Φ 都是 Σ 上的正规式，它们所表示的正规集分别为 $\{\varepsilon\}$ 和 Φ；

② 任何 $\alpha\in\Sigma$，α 是 Σ 上的一个正规式，它所表示的正规集为 $\{\alpha\}$；

③ 假定 e_1 和 e_2 都是 Σ 上的正规式，它们所表示的正规集分别为 $L(e_1)$ 和 $L(e_2)$，那么，$(e_1),e_1|e_2,e_1\cdot e_2,e_1^*$ 也都是正规式，它们所表示的正规集分别为 $L(e_1),L(e_1)\cup L(e_2),L(e_1)L(e_2)$ 和 $(L(e_1))^*$；

④ 仅由有限次使用上述三步骤而定义的表达式才是 Σ 上的正规式，仅由这些正规式所表示的字集才是 Σ 上的正规集。

通常用 Σ^* 表示 Σ 上所有字的全体，则空字 ε 也在内。例如，$\Sigma=\{a,\ b\}$，则 $\Sigma^*=\{\varepsilon,\ a,\ b,\ aa,\ ab,\ ba,\ bb,\ aaa,\ \cdots\}$。要注意 ε、$\{\}$ 和 $\{\varepsilon\}$ 的区别。

【**例 2-21**】 令 $\Sigma=\{a,\ b\}$，Σ 上的正规式和相应的正规集的例子见表 2-1。

表 2-1 Σ 上的正规式和相应的正规集

正 规 式	正 规 集
a	$\{a\}$
ab	$\{ab\}$
$a\|b$	$\{a,b\}$
$(a\|b)\ (a\|b)$	$\{aa,ab,ba,bb\}$
a^*	$\{\varepsilon,a,a,\cdots$任意个 a 的串$\}$
$(a\|b)^*$	$\{\varepsilon,a,b,aa,ab,\cdots$所有由 a 和 b 组成的串$\}$
$(a\|b)^*(aa\|bb)\ (a\|b)^*$	$\{\Sigma^*$上所有含有两个相继的 a 或两个相继的 b 组成的串$\}$

2. 正规式的性质

若两个正规式 e_1 和 e_2 所表示的正规集相同，则说 e_1 和 e_2 等价，写作 $e_1=e_2$。例如，$e_1=(a|b)$，$e_2=b|a$；又如，$e_1=b(ab)^*$，$e_2=(ba)^*b$；再如，$e_1=(a|b)^*$，$e_2=(a^*|b^*)^*$。

设 r,s,t 为正规式，正规式服从的代数规律有：

① $r|s=s|r$，"或"服从交换律；

② $r|(s|t)=(r|s)|t$，"或"的可结合律；

③ $(rs)t=r(st)$，"连接"的可结合律；

④ $r(s|t)=rs|rt$，$(s|t)r=sr|tr$，分配律；

⑤ $\varepsilon r=r$，$r\varepsilon=r$，ε 是"连接"的恒等元素零一律；

⑥ $r|r=r$，$r^{*}=\varepsilon|r|rr|$，"或"的抽取律。

【例 2-22】　令 $\Sigma=\{l,\ d\}$，设 $R=l(l|d)*$ 为 Σ 上的正规式，试求其定义的正规集。

$$L(R)=L(l(l|d)*)=L(l)L((l|d)*)=L(l)(L(l|d))*=L(l)(L(l)\cup L(d))*$$

$$=\{l\}(\{l\}\cup\{d\})*=\{l\}(l,d)*$$

$$=\{l\}\{\varepsilon,l,d,ll,ld,l,lll,\cdots\}$$

$$=\{l,ll,ld,ldd,\cdots\}$$

其中 l 代表字母，d 代表数字，正规式即是字母(字母|数字)*，它表示的正规集中的每个单词的模式是"字母开头的字母数字串"，就是多数程序设计语言允许的标识符的词法规则。

【例 2-23】　证明 $L(a^{*})=\{a\}^{*}-\{\varepsilon\}$，则有 $a^{+}=aa^{*}$。

$$L(a*)=\{a\}*-\{\varepsilon\}=\{\varepsilon,a^{1},a^{2},a^{3},\cdots\}-\{\varepsilon\}$$

$$=\{a^{1},a^{2},a^{3},\cdots\}=\{a\}\{\varepsilon,a^{1},a^{2},a^{3},\cdots\}$$

$$=\{a\}\{a\}*=L(a)L(a*)=L(aa*)$$

所以 $a^{+}=aa^{*}$。

3．正规定义

为了方便地表示较长的正规式，可以对正规式命名，并用这些名字来引用相应的正规式。这些名字也可以像符号一样出现在正规式中。

如果 Σ 是基本符号的字母表，那么正规定义是形式为：

$$
\begin{aligned}
d_1 &\to r_1 \\
d_2 &\to r_2 \\
&\vdots \\
d_n &\to r_n
\end{aligned}
$$

的定义序列，各个 d_i 的名字都不同，每个 r_i 都是 $\Sigma\cup\{d_1,d_2,\cdots,d_{i-1}\}$ 上的正规式。由于每个 r_i 只能包含 Σ 上的符号和前面定义的名字，因而不会出现递归定义的情况。把这些名字用它们所表示的正规式来代替，就可以为任何 r_i 构造 Σ 上的正规式。

【例 2-24】　Pascal 语言的标识符集合含所有以字母开头的字母数字串，下面是这个集合的正规定义：

```
letter → A |B|…|Z |a |b |…|z
digit → 0 |1|…|9
id → letter(letter|digit)*
```

4．正规式的扩展

前面已给出了正规表达式的定义，但是从以上这些示例中可看出，仅利用这些运算符来编写正规表达式有时显得很笨拙，如果可用一个更有表达力的运算集合，那么创建的正规表达式就会更复杂一些。例如，使任意字符的匹配具有一个表示法很有用。除此之外，拥有字符范围的正规表达式和除单个字符以外所有字符的正规表达式都十分有效。为此，给出标准正规表达式的一些扩展情况，以及与它及类似情况相对应的新元符号。

(1) 一个或多个重复

假若有一个正规表达式 r，r 的重复是通过使用标准的闭包运算来描述的，并写作 $r*$。它允许 r 被重复 0 次或更多次。0 次并非是最典型的情况，一次或多次才是，这就要求至少有一个串匹配 r，但空串 ε 不行。例如，在自然数中需要有一个数字序列，且至少要出现一个数字。如果要匹配二进制数，就写作 $(0|1)^*$，它同样也可匹配不是一个数的空串。当然也可写作 $(0|1)(0|1)^*$，但是这种情况只出现在用+代替*的这个相关的标准表示法被开发之前：$r+$ 表明 r 的一个或多个重复。因此，前面的二进制数的正规表达式可写作 $(0|1)^+$。

(2) 任意字符

为字母表中的任意字符进行匹配需要一个通常状况：无须特别运算，它只要求字母表中的每个字符都列在一个解中。句号"$\bullet$"表示任意字符匹配的典型元字符，它不要求真正将字母表写出来。利用这个元字符就可为所有包含了至少一个 b 的串写出一个正规表达式，如下所示：

$$\bullet^* b \bullet^*$$

(3) 字符范围

我们经常需要写出字符的范围，如所有的小写字母或所有的数字。直到现在都在用表示法 $a|b|\cdots|z$ 来表示小写字母，用 $0|1|\cdots|9$ 来表示数字。还可针对这种情况使用一个特殊表示法。但常见的表示法是利用方括号和一个连字符，如[a-z]是指所有小写字母，[0-9]则指数字。这种表示法还可用于表示单个的解，因此 $a|b|c$ 可写成[abc]。它还可用于多个范围，如[a-zA-Z]代表所有的大小写字母。这种普遍表示法称为字符类(Character Class)。

例如，[A-Z]是假设位于 A 和 Z 之间的字符 B、C 等(一个可能的假设)且必须只能是 A 和 Z 之间的大写字母(ASCII 字符集也可)。但[A-z]则与[A-Za-z]中的字符不匹配，甚至与 ASCII 字符集中的字符也不匹配。

(4) 不在给定集合中的任意字符

正如前面所说的，能够使要匹配的字符集中不包括单个字符很有用，这点可由用元字符表示"非"或解集合的互补运算来做到。例如，在逻辑中表示"非"的标准字符是波形符"$\sim$"，那么表示字母表中非 a 字符的正规表达式就是 $\sim a$。非 a、b 及 c 表示为：$\sim(a|b|c)$。

例如，任何非 a 的字符可写作[^a]，任何非 a、b 及 c 的字符则写作[^abc]。

(5) 可选的子表达式

有关串的最后一个常见的情况是在特定的串中包括既可能出现又可能不出现的可选部分。

例如，数字前既可有一个诸如+或−的先行符号也可以没有。这可用解来表示，与在正则定义中是一样的：

```
natural=[0-9]+
signedNatural=natural|+natural|-natural
```

但这会很快变得麻烦起来，现在引入问号元字符 $r?$ 来表示由 r 匹配的串是可选的(或显示 r 的 0 个或 1 个副本)。因此上面那个先行符号的例子可写成：

```
natural=[0-9]+
signedNatural=(+|-)?natural
```

5. 正规表达式的局限性

这里说的局限性是针对正规表达式的定义而言的，而不是针对正规定义而言的。因为，用正规定义方式定义出来的字符串集要比正规表达式定义出来的字符串集更大。从正规表达式的定义可知，它是相当于没有变量(正规表达式名)的表达式，因此其构造能力受到很大的限制。假设要构造字符串$\beta a\beta$，其中β是字母表Σ上的任一正规表达式，那么，按定义无法写出来，但如果用正规定义式，则可立刻写出来：

```
A→BaB
B→正规表达式
```

这里实际上引进了一个正规表达式的名字。$\beta a\beta$的特点是：其中的两个子串必须相等。类似这种某些部分必须相等的正规表达式不能用一个表达式写出来的。用一个表达式写出来，就相当于用一个正规定义，因此其能力一定会受到限制。

2.8.2 有限自动机

有限自动机(简称自动机)分为**确定有限自动机**(Deterministic Finite Automata，DFA)和**非确定有限自动机**(Nondeterministic Finite Automata，NFA)，其中 DFA 是 NFA 的特例。每个自动机 M 都有自己的字母表Σ，而且表示字母表Σ上的某字符串集合。自动机在这里主要用来描述程序设计语言中的单词字，它不能用来描述表达式、语句等复杂结构的语法结构。

确定的和不确定的有限自动机都正好能识别正规集，也就是说，它们能识别的语言正好是正规式所能表达的语言。但是，它们之间存在时空权衡问题，从确定的有限自动机得到的识别器，比从等价的不确定的有限自动机得到的识别器要快得多；但是，确定的有限自动机可能比等价的不确定的有限自动机占用更多的空间。

1. 确定有限自动机

DFA 定义：一个确定的有限自动机(DFA) M 是一个五元组：$M=(S, \Sigma, f, s_0, Z)$，其中：

① S 是一个有限状态集，它的每个元素称为一个**状态**；

② Σ 是一个有穷输入字母表，它的每个元素称为一个**输入符号**；

③ f 是转换函数，是 $S\times\Sigma\to S$ 上的映射，即，如 $f(s_i, a)=s_j, (s_i\in S, s_j\in S)$ 就意味着，当前状态为 s_i，输入符为 a 时，将转换为下一个状态 s_j，把 s_j 称作 s_i 的一个后继状态；

④ $s_0\in S$ 是唯一的一个**初态**；

⑤ $Z\subseteq S$ 是一个**终态集**，至少由一个终止状态组成，终态也称可接受状态或结束状态。

【例 2-25】 下面是一个确定有限自动机 M 的实例：

- 符号集$\Sigma=\{0,1,2,\cdots,9\}$；
- 状态集合 $S=\{s_0, s_1\}$；
- 开始状态 s_0；
- 转换函数 f：$S\times\Sigma\to S$；$f(s_0,d)=s_1$，$f(s_1,d)=s_1$，其中 $d\in\Sigma$；
- 终态集 $\{s_1\}$。

上述确定有限自动机 M 实际上是定义了所有正整数的集合。现在我们要研究自动机是如何定义符号串集的。在上述定义中使用了转换函数 f，这种定义比较形式化，但不直观，因此考虑比较直观的描述方法，即状态转换图方法。

例 2-25 确定有限自动机可画成图 2-10 所示的状态转换图。

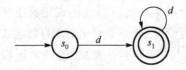

图 2-10　确定有限自动机 M 的状态转换图表示

一个 DFA 可以表示成一个状态转换图（或称状态图）。假定 DFA M 含有 m 个状态、n 个输入字符，那么这个状态图含有 m 个结点，每个结点最多有 n 个弧射出，每条弧用 Σ 中的不同输入字符作为标记，整个图含有唯一一个初态结点和若干个（可以为 0 个）终态结点，初态结点冠以双箭头 "=>" 或标以 "→"，终态结点用双圈表示，若 $f(k_i,a)=k_j$，则表示从状态结点 k_i 到状态结点 k_j 画标记为 a 的弧。从状态转换图的角度来说，确定有限自动机的特点是：图上的每个状态结点的输出边标有彼此不同的符号。

描述 DFA 时，用这种转换图表示；而在计算机上，DFA 可以用不同的方法实现。最简单的办法是用**状态转换矩阵**实现，该矩阵的行表示状态，列表示输入字符。每个状态一行，每个输入符号各占一列，表的第 i 行中符号 a 的条目是一个状态，这是 DFA 在输入是 a 时状态 i 所能到达的后继状态。

【例 2-26】 设有一确定有限自动机 DFA：

$$M=(\{q_0,q_1,q_2,q_3\}\{a,b\},f,q_0,\{q_0\})$$

其中 f 如表 2-2 所示。

表 2-2　例 2-26 的 DFA 转换函数

$f(q_0,a)=q_1$	$f(q_0,b)=q_3$
$f(q_1,a)=q_0$	$f(q_1,b)=q_2$
$f(q_2,a)=q_3$	$f(q_2,b)=q_1$
$f(q_3,a)=q_2$	$f(q_3,b)=q_0$

则它所对应的状态转矩阵如表 2-3 所示。

表 2-3　状态转换矩阵

状　　态	a	b
q_0	q_1	q_3
q_1	q_0	q_2
q_2	q_3	q_1
q_3	q_2	q_0

状态转换图如图 2-11 所示。

状态转换矩阵的优点是可以快速访问给定状态和字符的状态集。它的缺点是：当输入字母表较大并且大多数转换是空集时，占用了大量空间。

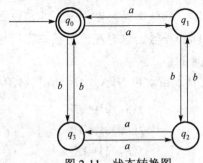

图 2-11　状态转换图

例 2-26 中的 DFA 能够识别包含偶数个 a 和偶数个 b 的串，包含空串。

从上述例子可以看出，确定的有限自动机从任何状态出发，对于任何输入符号，最多只有一个转换。如果用转换表表示 DFA 的转换函数，那么表中的每个栏目最多只有一个状态。结果是，很容易确定 DFA 是否接受某输入串，因为从开始状态起，最多只有一条到达某个终态的路径可由这个串标记。

对于 Σ^* 中的任何字 α，如果存在状态序列 $S_0,S_1,\cdots,S_n$，并且其中 S_0 是开始状态，S_n 是任意一个接受状态，即存在一条从初态结点到终态结点的通路，且其通路上标记的字符序列为 $a_1a_2\cdots a_n = \alpha$，则称 α 被 DFA M 所**接受**，或者**可识别**，如下所示：

$$S_0 \xrightarrow{\ a_1\ } S_1,\ \ S_1 \xrightarrow{\ a_2\ } S_2,\ \cdots,\ \ S_{n-1} \xrightarrow{\ a_n\ } S_n$$

需要注意的是，中间的状态可以是初态，也可以是终态。若 DFA M 的初态结点同时又是终态结点，则称 ε 被 DFA M 所接受，或者可识别。

图 2-11 的 DFA 接受输入串 $baba$、$abab$、$abababab$、$\cdots$。例如，从状态 q_0 开始，沿着标记为 a 的边到状态 q_1，然后沿着标记分别为 b、a 和 b 的边先后到达状态 q_2、q_3 和 q_0 组成的路径，接受 $abab$，则称 $abab$ 为 DFA 所识别或接受。由 DFA 所能识别的字的全体记为 $L(M)$。对于任何两个有限自动机 M 和 M'，如果 $L(M){=}L(M')$，则称 M 与 M' 是等价的。

DFA 的确定性表现在转换函数 f: $S{\times}\Sigma{\rightarrow}S$ 是一个单值函数，也就是说，对任何状态 $s{\in}S$ 和输入符号 $a{\in}\Sigma$，$f(s,a)$ 唯一地确定了下一个状态。从状态转换图来看，若字母表 Σ 含有 n 个输入字符，那么，任何一个状态结点最多有 n 条弧射出，而且每条弧以一个不同的输入字符标记。

如果状态转换函数 f 是一个多值函数，就得到了非确定有限自动机 NFA。

2. 非确定有限自动机

NFA 定义：一个非确定有限自动机（NFA）M 是一个五元组：$M{=}(S,\ \Sigma,\ f,\ s_0,\ Z)$，其中：

① S 是一个有限状态集，它的每个元素称为一个状态；

② Σ 是一个有穷输入字母表，它的每个元素称为一个输入符号；

③ f 是转换函数，是 $S{\times}\Sigma^* {\rightarrow} 2^S$ 上的映射；

④ $s_0 {\subseteq} S$ 是一个非空初态集；

⑤ $Z {\subseteq} S$ 是一个终态集，可以为空。

一个 NFA 可以表示成一个状态转换图（或称状态图）。假定 NFA M 含有 m 个状态、n 个输入字符，那么这个状态图含有 m 个结点，每个结点最多有 n 弧射出，每条弧用 Σ^* 中的不同输入字符作为标记，整个图至少含有一个初态结点和若干个（可以为 0 个）终态结点，某些结点既可以是初态也可以是终态。从状态转换图上看，非确定有限自动机的主要特点是：一个状态的不同输出边可标有相同的符号。这时在给定状态和符号的情况下，不能唯一地确定下一个状态，因此称之为非确定的。

【例 2-27】 设有一非确定有限自动机 NFA，$M=(\{S,P,Z\},\{0,1\},f,\{S,P\},\{Z\})$，其中：

$$f(S,\ 0)=\{P\}$$
$$f(Z,\ 0)=\{P\}$$
$$f(P,\ 1)=\{Z\}$$
$$f(Z,\ 1)=\{P\}$$
$$f(S,\ 1)=\{S,\ Z\}$$

其状态转换图如图 2-12 所示。

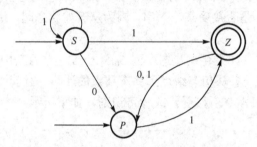

图 2-12　例 2-27 中 NFA 的状态转换图

NFA 也可以用状态转换矩阵表示，例 2-27 中 NFA 的状态转换矩阵可以用表 2-4 表示。

表 2-4　例 2-27 的状态转换矩阵

状　态	0	1
S	P	S,Z
P		Z
Z	P	P

对于 Σ^* 中的任何字 α，如果存在状态序列 $S_0,S_1,\cdots,S_n$，并且其中 S_0 是开始状态，S_n 是任意一个接受状态，即存在一条从初态结点到终态结点的通路，且其通路上标记的字符序列（忽略空字）为 $a_1a_2\cdots a_n=\alpha$，则称 α 被 NFA M 所**接受**或**可识别**。需要注意的是，中间的状态可以是开始状态，也可以是接受状态。若 DFA M 的初态结点同时又是终态结点，则称 ε 被 NFA M 所接受，或者可识别。NFA M 所能接受的符号串的全体记为 $L(M)$。

对比 NFA 和 DFA 的状态转换矩阵可以看出，DFA 的后继状态是唯一的，NFA 的后继状态则是一个状态集，区别在于 NFA 的状态转换函数是一个多值映射函数，而 DFA 的状态转换函数是一个单值映射函数。显然，DFA 是 NFA 的一个特例。

3．DFA 与 NFA 的关系

从上述论述中可得到 DFA 与 NFA 之间的关系。

（1）联系

DFA 是 NFA 的特例，但对于任何一个 NFA M 总存在一个 DFA M'，使得 $L(M)=L(M')$。即将 NFA 的 $S\times\Sigma^*\to2^S$ 改造为 $S\times\Sigma^*\to S$，在 S_0 中取出唯一元素 s_0。

对于任何两个有限自动机 M 和 M'，如果 $L(M)=L(M')$，则称 M 和 M' 是等价的。

DFA 和 NFA 都能够准确识别正规集，但是 DFA 可以导出比 NFA 快得多的识别器，也就是说，DFA 比等价的 NFA 大得多。

(2) 区别

在 DFA 的弧上不允许有空字 ε 出现，而 NFA 允许；DFA 中的每个状态 s 和输入符号 a，最多只有一条边离开 s，而 NFA 中有多条；NFA 有多个初态而 DFA 只有一个初态。

4．正规式与有限自动机的等价性

通过上面的论述得知，正规式与有限自动机均能够识别正规集，即正规式与有限自动机是等价的，它们的功能是相同的。因而，存在如下定理：

若 R 是 Σ 上的一个正规式，则必然存在一个 NFA M，使得 $L(R)=L(M)$；反之亦然。

对于给定的 NFA，我们可以采取如下方法构造一个与之等价的正规式，称之为**消结法**，具体方法如下。

首先，用正规式等价替换 NFA 弧中标记的 Σ^* 上的字，如图 2-13 所示。

图 2-13　替换后的自动机

其次，引入新的初态结点 X，并通过 ε 弧连接到 M 的原初态结点，同理引入新终态结点 Y，通过 ε 弧连接到 M 的原终态结点，如图 2-14 所示。

最后，采用等价变化的原则，不断消去原来 M 中的结点，直到形成如图 2-15 所示的结果。在消结过程中，逐步用正规式来标记弧。所用的消结规则如图 2-16 所示。

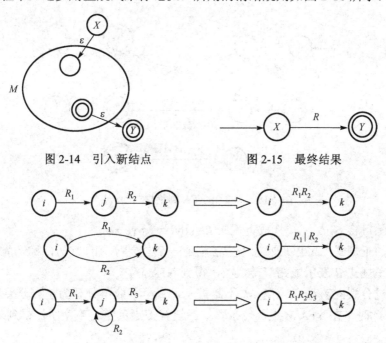

图 2-14　引入新结点　　　　　图 2-15　最终结果

图 2-16　消结规则

经过上述处理，得到的 M' 与原来的 M 满足 $L(M)=L(M')$，即 M' 所识别的字集与 M 所识别的字集相同。

【例 2-28】 设有一个 NFA M 的状态转换图如图 2-17 所示，在 $\Sigma=\{a, b\}$ 上构造一个正规式 R，使得 $L(M)=L(R)$。其构造过程如图 2-18 所示。

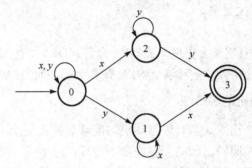

图 2-17 例 2-28 NFA 的状态转换图

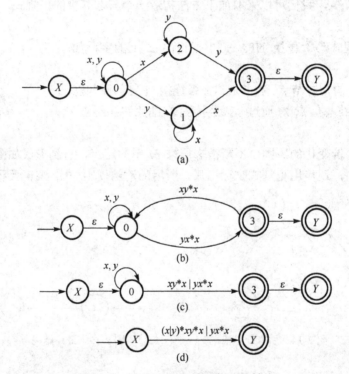

图 2-18 例 2-28 NFA 到正规式的转换

按上述步骤可将 NFA M 转换成正规式 $R=(x|y)^{*}xy^{*}x|yx^{*}x$。

对于给定的正规式，可以采取如下方法构造一个与之等价的 NFA，称之为**分裂法**。

首先，将正规式 R 表示成拓广转换图，得到 NFA M。

其次，通过分裂此新结点，使 M 不断扩充，直至不能再分裂为止。分裂结点的规则如图 2-19 所示。此时，在 NFA M 上，每条弧均标记有 Σ 上的字符或空字，得到一个 M'，使得 $L(M)=L(M')$。

【例 2-29】 设 $\Sigma=\{a, b\}$，Σ 的正规式为 $R=(a|b)^{*}(aa|bb)(a|b)^{*}$，构造一个 NFA M，使得 $L(M)=L(R)$。

其构造过程如图 2-20 所示。

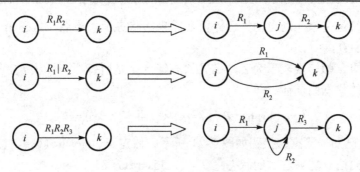

图 2-19　分裂规则

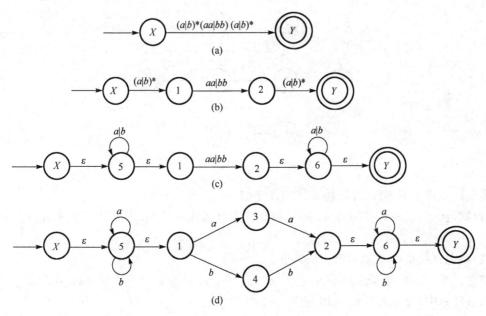

图 2-20　例 2-29 正规式到 NFA 的转换

5. 从 NFA 到 DFA 的转换

从 NFA 到 DFA 的转换也称为对 NFA 的确定化。即对给定的 NFA 构造出一个与之等价的 DFA，使得它们识别的语言相同。我们把这个过程称为对 **NFA 确定化**。

其基本思想可以描述为：NFA 的状态转换矩阵表示中，每个表项通常是一个状态的集合，而在 DFA 的状态转换矩阵表示中，每个表项是一个状态，NFA 到相应的 DFA 构造的基本想法是该 DFA 的每一个状态对应 NFA 的一组状态。该 DFA 使用它的状态去记录在 NFA 中读入一个输入符号后可能达到的所有状态。也就是说，在读入输入符号串 $a_1a_2\cdots a_n$ 之后，该 DFA 处在这样一个状态，该状态表示这个 NFA 的状态的一个子集 T，T 是从 NFA 的开始状态沿着某个标记为 $a_1a_2\cdots a_n$ 的路径可以到达的那些状态。这种方法称为**子集法**。

为实现 NFA 的确定化工作，首先要定义状态集合的几个有关运算。假设状态集合 I 是 NFA M 的状态子集。状态集合 I 的 ε-**闭包**表示为 ε-closure(I)，定义其为一状态集，是状态集 I 中的任何状态 s 经任意条 ε 弧能到达的状态的集合。可以用如下式子表示：

$$\varepsilon\text{-closure}(I)=\{s|s\in I \text{ 或 } f(s',\varepsilon)=s, s'\in I\}$$

如果输入字符是空串，则自动机仍停留在原来的状态上，显然，状态集合 I 的任何状态 s 都属于 $\varepsilon\text{-closure}(I)$。

状态集合 I 的 **a 弧转换**表示为 I_a，定义状态集合 J 是所有那些可从 I 中的某一状态经过一条 a 弧而到达的状态的全体，即

$$I_a=\varepsilon\text{-closure}(J)，J=\{s'|s\in I \text{ 并且 } f(s,a)=s'\}$$

【例 2-30】 已知一状态转换图如图 2-21 所示，假定 $I=\varepsilon\text{-closure}(1)=\{1,2\}$，求从状态 I 出发经过一条有向边 a 能够达到的状态集 J 和 $\varepsilon\text{-closure}(J)$。

解： $J=\{5,3,4\}$，$I_a=\varepsilon\text{-closure}(J)=\{2,3,4,5,6,7,8\}$。

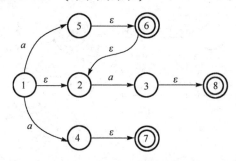

图 2-21 状态转换图

用上述子集法对 NFA 进行确定化的方法如下。

(1) 构造一张状态转换矩阵 A，使其第 0 列表示为状态子集，从第 1 列到第 n 列表示为子集的 I_a。

(2) 状态转换矩阵 A 的构造方法如下。

首先，置初值。将 $\varepsilon\text{-closure}(s_0)$ 置于 $A(1,0)$ 中，s_0 为 M 的初态，对 $A(1,0)$ 求其 I_{aj}，并将其放入 $A(1,j)$ 中，$j=1,2,\cdots,n$，即由初值 $A(1,0)$ 再求出 $A(1,1)$，$A(1,2)$，$\cdots$，$A(1,n)$。

其次，若此时矩阵 A 中已产生 m 行，对 k：$1\leqslant k\leqslant m$，看是否有某个 $A(k,j)$ 还没有出现在 $A(i,0)$ 中，若有，则 $A(m+1,0)=A(k,j)$。

不断重复上述两步求 I_a，直至 A 不再增大为止。

(3) 对所求的子集重新命名，将每个 I_i 视为一个状态，$A(1,0)$ 为 DFA M'的初态，含有原 NFA M 终态的那些 I_i 为 DFA M'的终态，且 $L(M)=L(M')$。

【例 2-31】 将例 2-29 中的 NFA M 按照上述方法确定化为 DFA M'。

按照上述子集法构造 NFA M 的状态转换矩阵，如表 2-5 所示。

表 2-5 NFA M 的状态转换矩阵

I	I_a	I_b
$\{X,5,1\}$	$\{5,3,1\}$	$\{5,4,1\}$
$\{5,3,1\}$	$\{5,3,1,2,6,Y\}$	$\{5,4,1\}$
$\{5,4,1\}$	$\{5,3,1\}$	$\{5,4,1,2,6,Y\}$
$\{5,3,1,2,6,Y\}$	$\{5,3,1,2,6,Y\}$	$\{5,4,1,6,Y\}$
$\{5,4,1,6,Y\}$	$\{5,3,1,6,Y\}$	$\{5,4,1,2,6,Y\}$
$\{5,4,1,2,6,Y\}$	$\{5,3,1,6,Y\}$	$\{5,4,1,2,6,Y\}$
$\{5,3,1,6,Y\}$	$\{5,3,1,2,6,Y\}$	$\{5,4,1,6,Y\}$

对表 2-5 中的所有状态子集进行重新命名，得到如表 2-6 所示的状态转换矩阵，该状态转换矩阵为确定化后 DFA M' 的状态转换矩阵。

表 2-6　对表 2-5 中的状态子集重新命名后的状态转换矩阵

s	a	b
0	1	2
1	3	2
2	1	5
3	3	4
4	6	5
5	6	5
6	3	4

将含有原 NFA M 初态的结点作为新的初态，含有原 NFA M 终态的结点作为新的终态，则可得到与表 2-6 对应的 DFA M' 的状态转换，如图 2-22 所示。

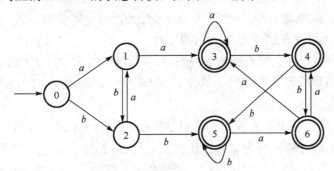

图 2-22　未化简的 DFA

6. DFA 的最小化

理论上的一个重要结论是：每一个正规集都可以由一个状态数最少的 DFA 识别，这个 DFA 是唯一的(因状态名不同的同构情况除外)。所谓**有限自动机是最小化的**是指它没有多余状态并且它的状态中没有两个状态是互相等价的。一个有限自动机可以通过消除多余状态和合并等价状态而转换成一个最小的与之等价的有穷自动机。

有限自动机的**多余状态**是指这样的状态：从该自动机的开始状态出发，任何输入串也不能到达的那个状态。在有限自动机中，两个状态 s 和 t 等价的条件如下。

① 一致性条件：状态 s 和 t 必须同时为可接受状态或不可接受状态。

② 蔓延性条件：对于所有输入符号，状态 s 和状态 t 必须转换到等价的状态里。

等价状态是指对于 DFA M，如果从状态 s 出发，在面临输入 w 时，最后停在某个终态；而从状态 t 出发，面临同样的输入时，它停在一个非终态，或者反过来，那么我们说串 w 可用来区别状态 s 和 t，即状态 s 和 t 不等价，则称这两个状态是**可区别的**。如果找不到任何串来区别 s 和 t，那么我们说 s 和 t 是不可区别的，即是**等价的**。在有限自动机中，终态和初态一定是可区别的。

一个 DFA M 最小化的算法的核心是把一个 DFA M 的状态分成一些不相交的子集，使得任何不同的两子集的状态都是可区别的，而同一子集中的任何两个状态都是等价的。最后从每个子集中选出一个代表状态，同时消去其他等价状态，就得到最简的 DFA M'，且 $L(M)=L(M')$。

DFA M 最小化的方法可以描述如下。

(1)将 DFA M 的状态集 S 划分为两个子集——终态子集和非终态子集，因为它们是有区别的。

(2)检查每一个子集 I^1，I^2，…，I^n，看其中的状态是否还可区别。对于一个状态子集 I^i，如 $I^i=\{s_1, s_2, …, s_k\}$，和某个输入符号 a，检查 $s_1, s_2, …, s_k$ 面临 a 的转换，如果这些转换所到的状态落入当前划分的两个或更多的状态子集中，那么 I^i 必须进一步划分，使得 I^i 的子集的 a 转换能落入当前划分的一个状态子集中。例如，若 s_1 和 s_2 的 a 转换分别到达 t_1 和 t_2，并且 t_1 和 t_2 在当前划分的不同子集中，那么 I^i 至少要分成两个子集，一个含 s_1，另一个含 s_2。注意，如果 t_1 和 t_2 是可由某个串 w 区别的，那么 s_1 和 s_2 一定可由串 aw 区别。

(3)重复这个对当前的划分进一步细分的过程，直到没有任何一个子集再需细分为止。此时，就得到一个最终划分，对最终划分的每一个子集 I^i，我们选取其中的一个状态为化简后 DFA 的代表状态，将所有射入 I^i 的弧射入该代表状态。含有原 DFA 初态的子集作为新的初态，含有原 DFA 终态的子集作为新的终态。

(4)删除从初态永远也不能到达的状态。

经过上述过程，就能将 DFA M 化简为 DFA M'，且两者是等价的，即 $L(M)=L(M')$。

【例 2-32】 将上例中得到的 DFA 最小化。

首先，把状态分成两组，终态组和非终态组，即 I^1 和 I^2，因而，$I^1=\{3,4,5,6\}$，$I^2=\{0,1,2\}$。

其次，按照上述算法先求 I_a^1 和 I_b^1。其中 $I_a^1=\{3,4,5,6\}\subset\{3,4,5,6\}$，$I_b^1=\{3,4,5,6\}\subset\{3,4,5,6\}$，所以 I^1 不能再分。

接下来求 I_a^2 和 I_b^2。其中，$I_a^2=\{1,3\}$ 既不包含在 I^1 中也不包含在 I^2 中，因此，状态 I^2 可以再分。由于状态 1 经过输入符号 a 到达状态 3，而状态 0、2 经过输入符号 a 都到达状态 1，因而，将 I^2 分解为 I^{21} 和 I^{22}，其中 $I^{21}=\{1\}$，$I^{22}=\{0,2\}$。因此，目前整个状态结点可以划分为三组，$\{3,4,5,6\}$，$\{1\}$，$\{0,2\}$。进一步考察 $\{0,2\}$ 是否可以再分。因为 $I_b^{22}=\{2,5\}$，没有落在上述任何一个子集中，所以 I^{22} 可以进一步划分为 $\{0\}$，$\{2\}$。

至此，整个划分含有四组，$\{3,4,5,6\}$，$\{0\}$，$\{1\}$，$\{2\}$，且每组都不可再分。

最后，令状态 3 代表状态集 $\{3,4,5,6\}$，把所有射向 3,4,5,6 的弧都射入 3，并且删除 4,5,6，即得到化简后的 DFA M'。化简后的 DFA 如图 2-23 所示。

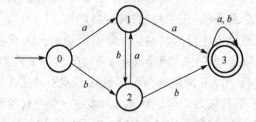

图 2-23　化简后的 DFA

2.9　词法分析程序的自动生成工具 Lex

本节描述一个特殊的工具，叫作 Lex，它从基于正规式的描述来构造词法分析器，并且已广泛用于描述各种语言的词法分析器。这个工具也称为 Lex 编译器，它的输入是用 Lex 语言编写的。讨论这个工具将使我们知道，基于正规式的模式说明怎么和要求词法分析器完成的动作(如在符号表中增加新条目)组织在一起，从而形成词法分析器的规范。即使没有可用的 Lex 编译器，这样的规范也是有用的，因为可以按状态转换图技术手工构造出词法分析器。

Lex 通常按图 2-24 描绘的方式使用。首先，词法分析器的说明用 Lex 语言建立于程序 lex.1 中，然后 lex.1 通过 Lex 编译器产生 C 语言程序 lex.yy.c。程序 lex.yy.c 包括从 lex.1 的正规式构造出的转换图(用表格形式表示)和使用这张转换图识别单词的标准子程序。在 lex.1 中，和正规式相关联的动作是用 C 语言的代码表示的，它们被直接搬入 lex.yy.c。最后，lex.yy.c 被编译成目标程序 a.out，它就是把输入串变成单词符号序列的词法分析器。

Lex 程序包括三个部分：声明、识别规则、辅助过程。

声明部分(也称为辅助定义)包括变量声明、常量定义和正规定义。正规定义和前面描述的方式类似，用于在识别规则中作为正规式。

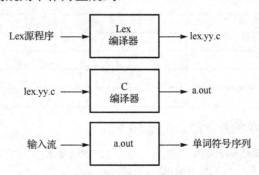

图 2-24　用 Lex 建立词法分析器

Lex 程序的识别规则形如：

p_1	{动作 1}
p_2	{动作 2}
⋮	⋮
p_n	{动作 n}

的语句。这里的每个 p_i 都是正规式，每个动作 i 都是描述模式 p_i 匹配单词时词法分析器应执行的程序段。在 Lex 中，动作用 C 语言编写，但是，一般来说，它们可以用任何实现语言编写。

由 Lex 建立的词法分析器和语法分析器联系的方式是：词法分析器被语法分析器激活时，开始逐个字符地读它的剩余输入，直到它在剩余输入中发现能和正规式 p_i 匹配的最长前缀为止，然后执行动作 i。典型地，动作 i 将把控制返回语法分析器。如果不是这样，词法分析器继续寻找下面的单词，直到有一个动作引起控制回到语法分析器为止。这种重复地搜索单词直到显式地返回的方式，允许词法分析器方便地处理空白和注解。

词法分析器仅返回一个值(单词符号)给语法分析器，单词的内码值通过全程变量 *yylval* 传递。

【例 2-33】给出一个简单语言的 Lex 源程序，能够识别表 2-7 中的单词符号。

表 2-7　单词符号及其内部表示

单 词 符 号	种 别 码	内 码 值
while	1	—

单 词 符 号	种 别 码	内 码 值
do	2	—
if	3	—
else	4	—
switch	5	—
{	6	—
}	7	—
(	8	—
)	9	—
+	10	—
–	11	—
*	12	—
/	13	—
=	14	—
;	15	—
letter (letter|digit)	16	内部字符串
digit (digit)*	17	标准二进制形式

下面是识别表 2-7 中单词符号的 Lex 程序。

```
Auxiliary Definitions                /*辅助定义*/
    letter → A |B|…|Z |a |b | … |z
    digit → 0 |1|…|9
    id → letter(letter|digit)*
%%
Recognition Rules                    /* 识别规则 */
1  while                             {return(1, null);}
2  do                                {return(2, null);}
3  if                                {return(3, null);}
4  else                              {return(4, null);}
5  switch                            {return(5, null);}
6  {                                 {return(6, null);}
7  }                                 {return(7, null);}
8  (                                 {return(8, null);}
9  )                                 {return(9, null);}
10 +                                 {return(10, null);}
11 -                                 {return(11, null);}
12 *                                 {return(12, null);}
13 /                                 {return(13, null);}
14 =                                 {return(14, null);}
15 ;                                 {return(15, null);}
16 letter(letter|digit)*             {if keyword(id)= =0
                                     return(16, null);
                                     return(id);}
                                     else{return(keyword(id));}
17 digit (digit)*                    {val=int(id)
                                     return(17, null);
                                     return(val);}
```

2.10 实例语言的词法分析程序

2.10.1 微小语言 Micro

微小语言 Micro 中的程序是由 begin 和 end 括起来的变量声明列和语句列，语句则有三种：一是赋值语句；二是输入语句；三是输出语句。变量声明和语句结构分别如下所示：

```
var x : T   x :=E   write(E) read(x)
```

其中，x 表示变量标识符，E 表示表达式，T 表示类型。类型 T 可以是 real 或 integer。简单起见，假设每个变量声明只定义一个变量标识符。表达式由变量、常数、运算符和括号组成。下面是一个程序例：

```
begin   var  j : integer;
        var  k: integer ;
        var  x: real ;
        j :=10;  read(x);  read(k);  write(j+k);  write(x)
end .
```

Micro 语言的程序结构如图 2-25 所示，Micro 表达式结构如图 2-26 所示，其中 I 表示标识符，E 表示表达式，C 表示常数。

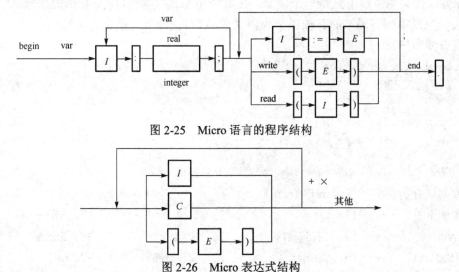

图 2-25 Micro 语言的程序结构

图 2-26 Micro 表达式结构

2.10.2 Micro 的词法分析

编译器的第一步工作是进行词法分析。词法分析也就是关于单词的分析，它的特点是不依赖于 Micro 语言的语法定义，而只依赖于单词的文法定义。因此，在词法阶段可把程序视为单词的序列。单词是最小的语义单位，Micro 的有用单词可分为以下几种。

(1) 标识符：字母打头的字母/数字串。

(2) 整常数：数字打头的数字串。

(3) 实常数：整数.整数。

(4) 保留字：begin, end, var, read, write, integer, real。

(5) 符号词：+、×、(、)、:、:=、;。

(6) 控制词：↵(换行符，是在输入程序时输入的)。

词法分析的任务是把程序的字符串序列转换成 Token 序列，其中 Token 是单词的内部表示。这样以字符为单位的源程序变成以单词为单位的内部表示。此后的语法分析和语义分析的扫描对象是词法分析器所产生的 Token 序列。

Token 定义并没有统一的规定，具体定义将依赖于具体语言和具体编译器，实际上也依赖于词法分析器的具体功能。在这里将词法分析器作为编译器的独立一遍来介绍。

Micro 语言的 Token 结构定义如下，其中保留字和标识符具有相同的结构，但它们扮演不同的角色，因此把它们区分为不同类的单词。

标识符的 Token：($id, 标识符)，如($id, x)。

整常数的 Token：($intC, 整常数)，如($intC, 55)。

实常数的 Token：($reaC, 实常数)，如($reaC, 0.5)。

保留字的 Token：$begin, $end, $var, $read, $write, $int, $real。

符号词的 Token：$plus, $mult, $LParen, $Rparen, $colon, $assig , $semi。

换行的 Token：$line。

从以上内容可知，单词包含一个或两个信息，具体地说，单词为标识符或常数时其 Token 带两个信息，而其他情形下只带一个信息。在每个 Token 中都有以$为开头的部分，称它为单词的词法信息或单词编码，而其他部分为语义信息(如变量名、整数、实数)。

假设有源程序：

```
begin   var  x1:real ;
        var  z1 :real ;
        x1 := 0.5 ;
        z1 := x1 + 55 ;
        write(z1 +5.5);
        read(x1);
        z1 :=z1 + x1
end .
```

经过词法分析得到的 Token 序列如下：

1. $begin	13. ↵	25. ↵	37. $RParen
2. $var	14. ($id , x1)	26. $ write	38. $semi
3. ($id , x1)	15. $assign	27. $LParen	39. ↵
4. $colon	16. ($realc,0.5)	28. ($id, z1)	40. ($id, z1)
5. $real	17. $semi	29. $plus	41. $assign
6. $semi	18. ↵	30. ($realc,5.5)	42. ($id , z1)
7. ↵	19. ($id, z1)	31. $RParen	43. $plus
8. $var	20. $assign	32. $semi	44. ($id , x1)
9. ($id ,z1)	21. ($id , x1)	33. ↵	45. $end
10. $colon	22. $plus	34. $ read	46. $stop
11. $real	23. ($intc,55)	35. $LParen	47. $Eof
12. $semi	24. $semi	36. ($id , x1)	

其中 Token 序列的产生可用前面的转台转换图实现过程中引入的函数实现。其中部分程序如下：

```
procedure Scanner();
begin while ~Eof do {NoBlank(ch);
         case ch of
          'A'..'Z'|'a'..'z' ⇒ {Identifier(name);
              case name of
                  'begin'      ⇒GenToken($begin);
                  'end '       ⇒GenToken($end);
                  'var '       ⇒GenToken($var);
                  'integer'    ⇒GenToken($int);
                  'real'       ⇒GenToken($real);
                  'read'       ⇒GenToken($read);
                  'write '     ⇒GenToken($write);
                   other       ⇒GenToken($id, name)
              end };
          '0'..'9'    ⇒ { Constant(class,C); GenToken(class, C)};
          '('         ⇒ GenToken($LParen);    Read(ch);
          ')'         ⇒ GenToken($RParen);    Read(ch);
          '+'         ⇒ GenToken($plus); Read(ch);
          '×'         ⇒ GenToken($mult); Read(ch);
          ';'         ⇒ GenToken($semi); Read(ch);
          ':'         ⇒  {Read(ch);
                         if ch= '='  then {GenToken($assig);Read(ch)}
                                else  GenToken($colon)}
          '.'         ⇒ GenToken($stop); Read(ch);
          '␣'         ⇒ GenToken($line); Read(ch);
         other        ⇒ LexicalError(ch)
         end
         }
      end
```

● 每当读一个新单词时其第一字符已在 ch 中。

● 每当处理完一个单词时，其后继字符已被读到了 ch 中。

● 当遇到字符"："时，它可能是复合单词"：="中的"："，因此要向前看一个字符。

● 在这里"."是程序的结束符，实数中的"."被 Constant 子程序处理。

● GenToken(Token)的意思是把 Token 送入 Token 区。

2.11　小　　结

词法分析是编译过程的第一个阶段，它读入源程序，按照词法规则，识别出源程序中的一个个单词，交给语法分析过程。

本章主要讲述了词法分析程序设计与实现，描述词法规则的两种有效工具正规式和有限自动机及其相互转换。在此基础上给出了词法分析程序手工编制及其自动构造工具(如 Lex 的原理)，并且给出了实例语言的词法分析程序。

在具体实现词法分析器时，可以把词法分析设计成一个子程序，这个子程序可以利用状态转换图进行设计，也可以根据正规式进行设计。词法分析程序的设计技术可应用于其他领域，如查询语言及信息检索系统等，这种应用领域的程序设计特点是：通过字符串模式的匹配来引发动作。词法分析程序的自动构造工具也广泛应用于许多方面，如用以生成一个程序，可识别印制电路板中的缺陷，又如开关线路设计和文本编辑的自动生成。

为使源程序能够被正确地翻译，产生等价的目标程序，源语言的使用者和实现者都必须遵循关于源语言的共同约定，因此每种程序设计语言都有自己的程序构成规则——语法规则。使用者可依据这些规则确定所书写程序的正确形式与结构；实现者则依据这些规则来确定翻译程序可以接收什么样的程序及怎样翻译该程序。程序设计语言的大多数语法规则可用上下文无关文法进行描述。

复习思考题

1. 填空题

(1)确定有限自动机 DFA 是_____的一个特例。

(2)若两个正规式所表示的_____相同，则认为二者是等价的。

(3)一个字集是正规的，当且仅当它可由_____所_____。

(4)已知文法：

$$E \rightarrow T \mid E+T \mid E-T$$
$$T \rightarrow F \mid T*F \mid T/F$$
$$F \rightarrow (E) \mid i$$

该文法的终结符号集 $V_T =$ _____，非终结符号集 $V_N =$ _____。

2. 选择题(从下列各题的备选答案中选出一个或多个正确答案)

(1)一般程序设计语言的描述都涉及_____。

  A. 语法　　　　　　　　　　　　B. 语义

  C. 基本符号的确定　　　　　　　D. 语用

(2)为了使编译程序能对程序设计语言进行正确的翻译,必须采用_____方法定义程序设计语言。

  A. 非形式化　　　　　　　　　　B. 自然语言描述问题

  C. 自然语言和符号体系相结合　　D. 形式化

(3)字母表中的元素可以是_____。

  A. 字母　　　　　　　　　　　　B. 字母和数字

  C. 数字　　　　　　　　　　　　D. 字母、数字和其他符号

(4)在规则(产生式)中，符号"→"表示_____。

  A. 恒等于　　　　　　　　　　　B. 等于

  C. 取决于　　　　　　　　　　　D. 定义为

(5)在规则(产生式)中，符号"|"表示_____。

  A. 与　　　　　　　　　　　　　B. 或

  C. 非　　　　　　　　　　　　　D. 引导开关参数

(6) 设 x 是符号串，符号串的幂运算 $x^0 =$ _____。

 A. 1   B. x

 C. ε D. $\varnothing$

(7) 词法分析所依据的是_____。

 A. 语义规则   B. 构词规则

 C. 语法规则   D. 等价变换规则

(8) 词法分析器的输出结果是_____。

 A. 单词的种别编码   B. 单词在符号表中的位置

 C. 单词的种别编码和自身值   D. 单词自身值

(9) 正规式 $M1$ 和 $M2$ 等价是指_____。

 A. $M1$ 和 $M2$ 的状态数相等

 B. $M1$ 和 $M2$ 的有向弧条数相等

 C. $M1$ 和 $M2$ 所识别的语言集相等

 D. $M1$ 和 $M2$ 的状态数和有向弧条数相等

(10) 如果 $L(M) = L(M')$，则 M 与 M' _____。

 A. 等价   B. 都是二义的

 C. 都是无二义的   D. 它们的状态数相等

(11) 词法分析器作为独立的阶段使整个编译程序结构更加简洁、明确，因此_____。

 A. 词法分析器应作为独立的一遍

 B. 词法分析器作为子程序较好

 C. 词法分析器分解为多个过程，由语法分析器选择使用

 D. 词法分析器并不作为一个独立的阶段

(12) 词法分析器的输入是_____。

 A. 单词符号串   B. 源程序

 C. 语法单位   D. 目标程序

(13) 如果文法 G 是无二义的，则它的任何句子 α_____。

 A. 最左推导和最右推导对应的语法树必定相同

 B. 最左推导和最右推导对应的语法树可能相同

 C. 最左推导和最右推导必定相同

 D. 可能存在两个不同的最左推导，但它们对应的语法树相同

3．判断题

(1) 如果一个语言的句子是无穷的，则定义该语言的文法一定是递归的。

(2) 一个语言的文法是不唯一的。

(3) 空符号串的集合 $\{\varepsilon\} = \{\} = \varnothing$。

(4) 设 A 是符号串的集合，则 $A^0 = \varepsilon$。

(5) 一个语言的文法是唯一的。

(6) 正规文法对规则的限制比上下文无关文法对规则的限制要多一些。

4．简答题

(1) 什么是扫描器？扫描器的功能是什么？

(2)给出字母表 Σ 上的正规式及其所描述的正规集的递归定义。

(3)正规文法、正规式、确定有限自动机和非确定有限自动机在接收语言能力上是否相互等价？

(4)单词一般分为哪几类？单词在计算机内如何表示？

(5)已知文法 $G(S)$：

$$S \rightarrow a|\Lambda|(T)$$
$$T \rightarrow T, S|S$$

给出句子 $(a,(a,a))$ 的最左推导。

5．叙述由下列正规式描述的语言。

(a) $0(0|1)*0$

(b) $((\varepsilon|0)1)*)*$

(c) $(0|1)*0(0|1)(0|1)$

(d) $0*10*10*10*$

(e) $(00|11)*((01|10)(00|11)*(01|10)(00|11)*)*$

6．设 $M=<\{x,y\}, \{a,b\}, f, x, \{y\}\}>$ 为非确定有限自动机，其中 f 定义如下：

$$f(x,a)=\{x,y\} \qquad f\{a,b\}=\{Y\}$$
$$f(Y,a)=\phi \qquad f\{y,b\}=\{x,y\}$$

试构造相应的确定有限自动机 M'。

7．对给定正规式 $b*(d|ad)(b|ab)^+$，构造与其等价的 NFA M。

8．对给定正规式 $(a|b)*a(a|b)$，构造与其等价的 DFA M。

9．构造一个 DFA，它接收 $\Sigma=\{a,b\}$ 上的所有满足下述条件的字符串，即该字符串中的每个 a 都有至少一个 b 直接跟在其右边。

10．有限状态自动机 M 接受字母表 $\Sigma=\{0,1\}$ 上所有满足下述条件的串：串中至少包含两个连续的 0 或两个连续的 1。

① 请给出与 M 等价的正规(则)式。

② 将 M 最小化。

③ 构造与 M 等价的正规文法。

11．构造与正规表达式 $((a|b)*|bb)*$ 等价的 DFA。

12．设有 $L(G)=\{a2^{n+1}b^{2m}a^{2p+1}|n\geq0,p\geq0,m\geq1\}$：

① 给出描述该语言的正规表达式；

② 构造识别该语言的确定有限自动机(可直接用状态图形式给出)。

13．请写出在 $\Sigma=(a,b)$ 上，不以 a 开头但以 aa 结尾的字符串集合的正规表达式，并构造与之等价状态最少的 DFA。

14．在 C 语言中，无符号整数可用十进制(非 0 开头)、八进制(0 开头)和十六进制(0X 开头)表示，试写出其相应的文法和识别无符号数的 DFA(假定位数不限)。

15．下列程序段若以 B 表示循环体，A 表示初始化，I 表示增量，T 表示测试。

```
I:=1;
while I<=n do
```

```
begin
sun:=sun+a[I];
    I:=I+1
    End
```

请用正规表达式表示这个程序段可能的执行序列。

16．有一台自动售货机，接收 1 分和 2 分硬币，出售 3 分钱一块的硬糖。顾客每次向机器中投放≥3 分的硬币，便可得到一块糖(注意：只给一块并且不找钱)：

① 写出售货机售糖的正规表达式；

② 构造识别上述正规式的最简 DFA。

17．C 语言的注释是以/*开始、以*/结束的任意字符串，但它的任何前缀(本身除外)不以*/结尾。画出接受这种注解的 DFA 的状态转换图。

18．一个 C 语言编译器编译下面的函数时，报告 parse error before 'else'。这是因为 else 的前面少了一个分号。但是如果第一个注释

```
/* then part */
```

误写成

```
/* then part
```

那么该编译器发现不了遗漏分号的错误。这是为什么？

```
long gcd(p,q)
long p,q;
{
    if(p%q == 0)
        /* then part */
        return q
    else
        /* else part */
    return gcd(q, p%q);
}
```

第 3 章　自顶向下语法分析

学习目标

系统地学习自顶向下语法分析的原理和分析技术。

学习要求

● 掌握：LL(1) 文法、LL(1) 分析法。
● 了解：递归下降分析方法。

语法分析是编译过程的核心部分。如图 3-1 所示，语法分析器读取词法分析器提供的单词符号流，分析并判定程序的语法结构是否符合语法规则，输出语法树的某种表示。另外，在分析时希望该分析器能以易理解的形式报告任何语法错误，并从错误中恢复过来，使后面的分析能继续进行下去。

事实上，还有一些其他任务可能在分析时完成，如把各种单词符号的信息收入符号表，完成类型检查和其他语义检查，并产生中间代码。所有这些都包含在图 3-1 的"编译程序后续部分"中，在后面的章节中将详细讨论它们。

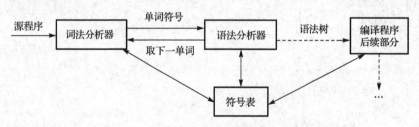

图 3-1　分析器在编译器模型中的位置

在第 2 章，用正规式描述单词(词法单元)的结构，并研究了如何用有限自动机构造词法分析器的问题。由于正规式与正规文法是等价的，它们的描述能力有限。而高级程序设计语言的语法结构通常是由上下文无关文法给出的,其方式同正规式提供的单词的词法结构类似。上下文无关文法也利用了与正规式中极为类似的命名习惯和运算。二者的主要区别在于上下文无关文法的规则是递归的。例如，一般来说 if 语句的结构应允许其中可嵌套其他 if 语句，而在正规式中不能这样做。这个区别造成由上下文无关文法识别的结构比由正规式识别的结构大大增多。识别这些结构的算法也与词法识别算法(即有限自动机)差别很大，因为它们必须使用递归调用或显式管理的分析栈。用作表示语言语法结构的数据结构也必须是递归的，通常使用的基本结构是语法树或分析树。按照构造语法树的方式，算法大致可分为两种：自顶向下分析和自底向上分析。

本章首先介绍自顶向下分析的基本概念和一般方法，然后定义适合于自顶向下分析的 LL(1) 文法，再介绍一些实用的自顶向下分析方法及分析表的自动生成，最后还要讨论自顶向下的错误恢复。

3.1　自顶向下分析的一般方法

自顶向下分析的宗旨是，对任何输入串，试图用一切可能的办法，从文法开始符号（根结点）出发，自顶向下、从左到右地为输入串建立语法树。或者说，为输入串寻找最左推导。这种分析过程本质上是一种试探过程，是反复使用不同的产生式谋求匹配输入串的过程。

【例 3-1】　若有文法：

$$S \to aCb$$
$$C \to cd \mid c$$

为了自顶向下地为输入串 $w = acb$ 建立语法树，首先建立只有标记为 S 的单个结点树，输入指针指向 w 的第一个符号 a。然后用 S 的第一个产生式来扩展该树，得到的树如图 3-2(a) 所示。

最左边的叶子标记为 a，匹配 w 的第一个符号。于是，推进输入指针到 w 的第二个符号 c，并考虑语法树上的下一个叶子 C，它是非终结符。用 C 的第一个选择来扩展 C，得到图 3-2(b) 所示的树。现在第二个输入符号 c 能匹配，再推进输入指针到 b，把它和语法树上的下一个叶子 d 比较。因为 b 和 d 不匹配，回到(回溯) C，看它是否还有别的选择尚未尝试。

在回到 C 时，必须重置输入指针于第二个符号，即第一次进入 C 的位置。现在尝试 C 的第二个选择，得到图 3-2(c) 所示的语法树。叶子 c 匹配 w 的第二个符号，推进输入指针，叶子 b 匹配 w 的第三个符号。这样，得到了 w 的语法树，从而宣告分析完全成功。

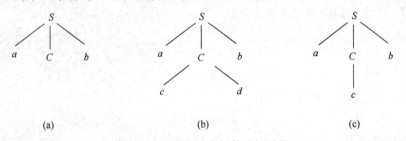

图 3-2　自顶向下分析的试探过程

上述这种自顶向下分析法存在许多困难和缺点。

(1) 文法的左递归问题。一个文法是含有左递归的，如果存在非终结符 A，并且有

$$A \Rightarrow^+ Aa$$

这样的产生式，那么该文法将使上述自顶向下的分析过程陷入无限循环。即，当试图用 A 去匹配输入串时会发现，在没有识别任何输入符号的情况下，又得重新要求 A 去进行新的匹配。因此，使用自顶向下分析法必须消除文法的左递归。

(2) 在上述自顶向下分析的过程中，当一个非终结符用某个选择匹配成功时，这种成功可能只是暂时的。由于这种虚假现象的存在，就需要使用复杂的回溯技术来加以避免。一般来说，要消除虚假匹配是很困难的。

(3) 由于回溯，需要把已做的一些语义工作（指中间代码的生成和各种表格的记录工作）推倒重来。这些事情既麻烦又费时间，所以最好设法消除回溯。

（4）当最终报告分析不成功时，难以知道输入串中出错的确切位置。

（5）由于带回溯的自顶向下分析实际上采用了一种穷尽一切可能的试探法，因此效率很低、代价极高。严重的低效使得这种分析法只有理论意义，在实践中价值不大。

后面将集中讨论不带回溯的自顶向下分析法。

3.2　LL(1)文法

自顶向下分析方法不允许文法含有左递归。为构造不带回溯的自顶向下分析算法，首先要消除文法的左递归，并找出克服回溯的充分必要条件。本节将讨论消除左递归和克服回溯的方法。

3.2.1　消除左递归

一个文法是**左递归**的，如果它有非终结符 A，对某个串 α，存在推导 $A \Rightarrow {}^*A\alpha$。形式为 $A \to A\alpha$ 的产生式引起的左递归称为**直接左递归**。

直接左递归产生式 $A \to A\alpha \,|\, \beta$，其中，$\beta$ 不以 A 开头。那么可以把 A 的产生式改写为如下的非直接左递归形式：

$$A \to \beta A'$$
$$A' \to \alpha A' \,|\, \varepsilon$$

这种形式和原来的形式是等价的，也就是说，从 A 推出的符号串是相同的。

【例3-2】　考虑下面的算术表达文法：

$$E \to E + T \,|\, T$$
$$T \to T * F \,|\, F$$
$$F \to (E) \,|\, \text{id}$$

消除 E 和 T 的直接左递归，可以得到：

$$E \to TE'$$
$$E' \to +TE' \,|\, \varepsilon$$
$$T \to FT'$$
$$T' \to *FT' \,|\, \varepsilon$$
$$F \to (E) \,|\, \text{id}$$

假设 A 的全部产生式是：

$$A \to A\alpha_1 \,|\, A\alpha_2 \,|\, \cdots \,|\, A\alpha_m \,|\, \beta_1 \,|\, \beta_2 \,|\, \cdots \,|\, \beta_n$$

其中 β_i 都不以 A 开始，α_i 都非空，那么消除 A 的直接左递归性就是把这些产生式改写成：

$$A \to \beta_1 A' \,|\, \beta_2\, A' \,|\, \cdots \,|\, \beta_n\, A'$$
$$A' \to \alpha_1 A' \,|\, \alpha_2\, A' \,|\, \cdots \,|\, \alpha_m\, A' \,|\, \varepsilon$$

这些产生式和前面的产生式产生一样的串集，但是不再有直接左递归。这个过程可删除直接左递归，但这不意味着已经消除整个文法的左递归性。例如文法

$$S \to Aa \,|\, b$$
$$A \to Sd \,|\, \varepsilon$$

虽不具有直接左递归，但非终结符 S 是左递归的，例如有：

$$S \Rightarrow Aa \Rightarrow Sda$$

如果一个文法不含回路（形如 $A \Rightarrow^* A$），也不含以 ε 为右部的产生式，那么，用下述方法将保证消除左递归（但改写后的文法可能含有以 ε 为右部的产生式）。

消除左递归算法如下。

(1) 将非终结符合理排序：A_1，A_2，$\cdots$，A_n。

(2) for(int i=2;i<=n;i++)

　　{

　　　　for(int j=1;j<=i-1;j++) {

　　　　　　用 $A_j \rightarrow \delta_1 | \delta_2 | \cdots | \delta_k$ 的右部替换每个形如 $A_i \rightarrow A_j \gamma$ 产生式中的 A_j；得到新产生式 $A_i \rightarrow \delta_1 \gamma | \delta_2 \gamma | \cdots | \delta_k \gamma$；消除 A_i 产生式中的直接左递归}

　　}

(3) 化简由 (2) 所得的文法。即去除那些从开始符号出发永远无法到达的非终结符的产生式。

消除左递归算法的核心思想是将不是直接左递归的符号用其右部展开到其他产生式中。

【例 3-3】　再次考虑文法 $S \rightarrow Aa | b$，$A \rightarrow Sd | \varepsilon$，消除文法中的左递归。

(1) 排序：S 在先，A 在后。

(2) 将 S 右部代入 A 产生式中，得到：

$$A \rightarrow Aad | bd | \varepsilon$$

删除其中的直接左递归，得到如下文法：

$$S \rightarrow Aa | b$$
$$A \rightarrow bd\ A' | A'$$
$$A' \rightarrow adA' | \varepsilon$$

或者：

(1) 排序：A 在先，S 在后。

(2) 将 A 右部代入 S 产生式中，得到：

$$S \rightarrow Sda | a | b$$

删除其中的直接左递归，得到如下的文法：

$$S \rightarrow aS' | bS'$$
$$S' \rightarrow daS' | \varepsilon$$
$$A \rightarrow Sd | \varepsilon$$

显然，其中关于 A 的产生式已是多余的。经化简后所得的文法是：

$$S \rightarrow aS' | bS'$$
$$S' \rightarrow daS' | \varepsilon$$

由此可见，写一个删除文法左递归的算法并不是件困难的事情。

3.2.2　提取左因子

如果对文法的任何非终结符，当要用它去匹配输入串时，能够根据它所面临的输入符号准确地指派它的一个选择去执行任务，并且这个选择的匹配结果应是确定无疑的。也就是说，若此选择匹配成功，那么这种匹配绝对不是虚假的，若此选择无法完成匹配任务，则任何其他的选择也肯定无法完成。如果能做到这一点，那么回溯肯定能消除。

现在来看一下，在必须回溯的前提下，对文法有什么要求。令 G 是一个不含左递归的文法，G 的所有非终结符的每个选择 α 是任意的文法符号串，则定义 α 的**开始符号集合** FIRST(α) 是从 α 推导出的串的开始终结符号集合，即

$$\text{FIRST}(\alpha)=\{a \mid \alpha \Rightarrow^* a\cdots,\ a \in V_T\}$$

如果 $\alpha \Rightarrow^* \varepsilon$，则 $\varepsilon \in \text{FIRST}(\alpha)$。如果非终结符 A 的所有选择的开始符号集合两两不相交，即对 A 的任何两个不同的选择 α_i 和 α_j，有：

$$\text{FIRST}(\alpha_i) \cap \text{FIRST}(\alpha_j) = \phi$$

那么，当要求 A 匹配输入串时，A 就能根据它所面临的第一个输入符号 a，准确地指派某一个选择前去执行任务。这个选择就是那个开始符号集合含 a 的 α。

事实上，很多文法都存在这样的非终结符，它的所有选择的开始符号集合并非两两不相交的。例如，程序设计语言中的条件语句的产生式：

```
stmt → if expr then stmt
      |if expr then stmt else stmt
      |other
```

当我们看见输入记号 **if** 时，不能马上确定用哪个选择来扩展 stmt。

当某非终结符的两个或多个选择拥有一个相同的前缀时，即它们的开始符号集合两两相交时，需要提取左因子。如：

$$A \rightarrow \alpha\beta \mid \alpha\gamma$$

提左因子也是一种文法变换，它用于产生适合于自顶向下分析的文法。在自顶向下的分析中，当不清楚应该用非终结符 A 的哪个选择来替换它时，可以通过重写 A 产生式来推迟这种决定，推迟到看见足够多的输入，能帮助正确决定所需选择为止。

如果 $A \rightarrow \alpha\beta_1 \mid \alpha\beta_2$ 是 A 的两个产生式，输入串的前缀是从 α 推导出的非空串时，我们不知道是用 $\alpha\beta_1$ 还是用 $\alpha\beta_2$ 来扩展 A。首先可以先扩展 A 到 $\alpha A'$ 来推迟这个决定。然后，看完从 α 推出的输入后，再扩展 A' 到 β_1 或 β_2。

重复下述过程，直到 A 的所有选择中均不再有公共前缀。

重排 A 的产生式：$A \rightarrow \alpha\beta_1 \mid \alpha\beta_2 \mid \cdots \mid \alpha\beta_n \mid \gamma$。

并用

```
A → αA' |γ
A' → β₁ |β₂ ⋯|βₙ
```

取代原来 A 的产生式。

经过反复提取左因子，就能把每个非终结符（包括新引入的非终结符）的所有选择的开始符号集合变成两两不相交的。为此付出的代价是大量引入新的非终结符和 ε-产生式。

【例 3-4】 对于悬空 else 的文法：

```
stmt→if expr then stmt else stmt
```

```
        |if expr then stmt
        |other
```

提左因子后的文法成为：

```
    stmt→if expr then stmt else_part
        |other
    else_part→else stmt
            |ε
```

这样，如果输入的第一个单词符号是 **if**，那么扩展 stmt 到 **if** expr **then** stmt else_part，等到 **if** expr **then** stmt 都看见后，再决定扩展 else_part 到 **else** stmt 还是到 ε。

当一个文法不含左递归时，并且满足每个非终结符的所有选择的开始符号集合两两不相交的条件，不一定能进行有效的自顶向下分析，如果 ε 属于 A 的某个选择的开始符号集合，那么问题比较复杂。

【例 3-5】 考虑例 3-2 中文法，对输入串 **id+id** 进行自顶向下分析。首先，从开始符号 E 出发匹配输入串，面临的第一个输入符号为 **id**，由于 E 只有一个选择 TE'，且 **id**∈FIRST(TE')，所以使用 E→TE' 进行推导，如图 3-3 所示。

图 3-3　使用 E→TE'进行推导

接下来，从 T 出发匹配输入串，面临的输入符号还是 **id**，由于 **id**∈FIRST(FT')，所以用 T→FT' 进行推导，如图 3-4 所示。

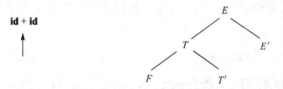

图 3-4　使用 T→FT'进行推导

再接下来，要从 F 出发进行匹配，面临输入符号 **id**，由于 **id**∈FIRST(**id**)，所以用 F→**id** 进行推导，使输入串的第一个 **id** 得到匹配，如图 3-5 所示。

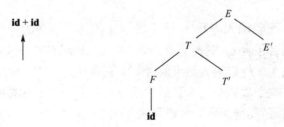

图 3-5　使用 F→id 进行推导，匹配

现在，需要从 T' 出发进行推导，面临的输入符号为+。由于+不属于 T' 的任一选择的开始符号集合，但有 T'→ε，所以让 T' 自动匹配，也就是从 T' 推导出 ε。这时输入指针并不前进，如图 3-6 所示。

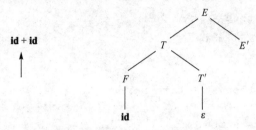

图 3-6 使用 $T \rightarrow \varepsilon$ 进行推导

依此类推，最后可以得到与 **id+id** 相匹配的语法树，如图 3-7 所示。

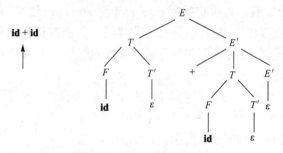

图 3-7 匹配成功的语法树

当非终结符 A 面临输入符号 a，且 a 不属于 A 的任意选择的开始符号集合，但 A 的某个选择 β 的开始符号集合包含 ε 时，是否就一定可以使 A 自动匹配？这还不确定。如果仔细考虑一下就可以发现，只有当 a 是允许在文法的某个句型中跟在 A 后面的终结符时，才可能允许 A 自动匹配成功；否则，a 在这里的出现就是一种语法错误。这里需要定义文法非终结符的后继符号集合。

非终结符 A 的**后继符号集合** FOLLOW(A) 是所有在句型中可以直接出现在 A 后面的终结符的集合，也就是

FOLLOW$(A) = \{a \mid S \Rightarrow^* \cdots Aa \cdots,\ a \in V_T\}$

此外，如果 $S \Rightarrow^* \cdots A$，那么$属于 FOLLOW$(A)$。这里用 "$" 作为输入串的结束符。如果有产生式 $A \rightarrow \alpha B$ 或 $A \rightarrow \alpha B\beta$ 且 $\beta \Rightarrow^* \varepsilon$，那么 FOLLOW$(B)$ 将包含 FOLLOW(A) 的一切元素。这是因为在任何包括了 A 的文法符号串中，A 可被 αB 或 $\alpha B\beta$ 代替（这是动作中的"上下文无关"）。这个特性在某种意义上与 FIRST 集合的情况相反：若有 $A \rightarrow B\alpha$，那么 FIRST(A) 就包括了 FIRST(B)。

因此当非终结符 A 面临输入符号 a，a 不属于 A 的任意选择的开始符号集合，但 A 的某个选择 β 的开始符号集合包含 ε，这时只有当 $a \in$ FOLLOW(A) 时，才可能允许 A 自动匹配。

这里首先应注意到用作标记输入结束的 "$"，它就像是 FOLLOW 集合计算中的一个记号。若没有它，那么在整个被匹配的串之后就没有符号了。由于这样的串是由文法的开始符号生成的，所以$必须总是要增加到开始符号的 FOLLOW 集合中（若开始符号从不出现在产生式的右边，那么它就是开始符号的 FOLLOW 集合的唯一成分）。

其次需要注意的是：ε 永远也不是 FOLLOW 集合的元素，它之所以有意义是因为在 FIRST 集合中仅仅用来标记那些可消失的串。在输入中它不能真正地被识别出来。另外，FOLLOW 符号则总是相对于现存的输入来匹配的。

　　还应注意到 FOLLOW 集合是仅针对非终结符定义的，而 FIRST 集合还可为终结符及终结符串和非终结符串定义。也可将 FOLLOW 集合的定义扩展到符号串，但由于在构造 LL(1) 分析表时，仅需要非终结符的 FOLLOW 集合，所以这是不必要的。

　　最后，还要留意 FOLLOW 集合的定义在产生式的"右边"起作用，而 FIRST 集合的定义在产生式的"左边"起作用。由此就可以说：若 α 不包括 A，则产生式 $A \to \alpha$ 就没有任何有关 A 的 FOLLOW 集合的信息。只有当 A 出现在产生式的右边时，才可得到 FOLLOW(A)。所以一般地，每个文法产生式都可得到右边的每个非终结符的 FOLLOW 集合。与在 FIRST 集合中的情况不同，每个文法产生式仅添加唯一的在左边的那个非终结符的 FIRST 集合。

　　考虑另一种情况，ε 属于 A 的某个选择 β 的开始符号集合，而 a 属于 A 的另一个选择 α 的开始符号集合，并且 a 属于 FOLLOW(A)，那么当面临 a 为 A 做选择时，选择 α 和 β 都是有理由的，其中选择后者的理由是让 β 推出空串，把这个 a 看成是 A 的后继符号。这时就会出现回溯。

　　因此，要想不出现回溯，需要文法的任何两个产生式 $A \to \alpha|\beta$ 都满足下面两个条件：

　　(1) FIRST(α) $\cap$ FIRST(β) $= \phi$；

　　(2) 若 $\beta \Rightarrow^* \varepsilon$，那么 FIRST($\alpha$) $\cap$ FOLLOW(A) $= \phi$。

　　如果一个文法 G 满足以上条件，则称该文法 G 为 **LL(1) 文法**。

　　这里 LL(1) 中的第一个 L 表示从左到右扫描输入串，第二个 L 表示产生最左推导，1 表示在决定语法分析器每步动作时向前扫描一个输入符。除了没有公共左因子外，LL(1) 文法还有一些明显的性质，它不是二义的，也不含左递归。还有一些性质将在 3.4.2 节构造预测分析表中介绍。

　　【例 3-6】　考虑例 3-2 中文法，把它重复如下：

```
E → TE'
E' → + TE' | ε
T → FT'
T' → * FT' | ε
F → (E) | id
```

　　先来计算文法符号 X 的 FIRST(X)，算法如下。

　　(1) 如果 X 是终结符，则 FIRST(X) 是 {X}。

　　(2) 如果 $X \to \varepsilon$ 是一个产生式，则将 ε 加到 FIRST(X) 中。

　　(3) 如果 X 是非终结符，且 $X \to Y_1 Y_2 \cdots Y_k$ 是一个产生式，则：

　　① FIRST(Y_1) 中所有符号在 FIRST(X) 中；

　　② 若对于某个 i，a 属于 FIRST(Y_i) 且 ε 属于 FIRST(Y_1),$\cdots$,FIRST(Y_{i-1})，则将 a 加入 FIRST(X) 中；

　　③ 若对于所有的 $j=1,2,\cdots,k$，ε 在 FIRST(Y_j) 中，则将 ε 加到 FIRST(X) 中。

　　本例中文法的开始符号集合计算如下：

```
FIRST(E) = FIRST(T) = FIRST(F) = {(, id}
FIRST(E') = {+, ε}
FRIST(T') = {*, ε}
```

　　有了上面这些 FRIST 集合后，就不难计算各产生式右部的 FRIST 集合了。例如，对于 $T \to FT'$，FIRST(FT') = FIRST(F) = {(,**id**}。

再看 FOLLOW 集合。根据定义计算，方法如下：

对文法中每一 $A \in V_N$ 计算 FOLLOW(A)。

(1) 设 S 为文法的开始符号，把 $\{\$\}$ 加入 FOLLOW(S) 中。

(2) 若有产生式 $A \rightarrow \alpha B\beta$，则把 FIRST$(\beta)$ 的非空元素加入 FOLLOW(B) 中。如果 $\beta \Rightarrow *\varepsilon$，则把 FOLLOW$(A)$ 的一切元素都加入 FOLLOW(B) 中。

(3) 反复使用 (2) 直到每个非终结符的 FOLLOW 集合不再增大为止。

```
FOLLOW(E)= FOLLOW(E')= {), $}
FOLLOW(T)= FOLLOW(T')= {+,), $}
FOLLOW(F)= {+, *,), $}
```

很明显，例 3-2 中的表达式文法是 LL(1) 文法。

3.3　递归下降分析法

递归下降分析是指为每个非终结符按其产生式结构构造一个语法分析过程，将一个非终结符 A 的文法产生式看作识别 A 的一个过程的定义。A 的产生式的右边给出这个过程的代码结构：即某个选择中终结符与非终结符的序列与输入符号的匹配及对其他过程的调用相对应。其中终结符产生匹配命令，非终结符则产生过程调用命令，而选择与代码中的分支语句相对应。

因为文法递归，所以这些过程也是递归的，称这种方法为递归下降法。其过程的结构与产生式结构几乎是一致的。

另外，在处理输入串时，首先执行的是对应开始符号的过程，然后根据产生式的右部出现的非终结符，依次调用相应的过程，这种逐步下降的过程调用序列隐含地定义了输入的语法树。因为使用了递归下降方法，所以程序结构和层次清晰明了，易于手工实现，且时空效率较高。

下面通过一个例子来说明如何构造递归下降的分析程序。

下面的文法产生 Pascal 类型的子集，用符号 **dotdot** 表示 ".." 以强调这个字符序列作为一个单词。

```
type → simple
     |↑id
     |array [simple] of type
simple→ integer
     |char
     |num dotdot num
```

显然，该文法是 LL(1) 文法。

上面类型定义文法的递归下降分析程序如下。

```
void match(token t)
{
    if (lookahead == t)
        lookahead = nexttoken();
    else error();
}
```

```
void type()
{
    if((lookahead == integer)||(lookahead==char)||(lookahead == num))
        simple();
    else  if (lookahead == '↑'){
        match('↑'); match(id);
    }
    else if(lookahead == array){
        match(array); match(' [ '); simple(); match(' ] ');
        match(of); type();
    }
        else error();
}
void simple()
{
    if (lookahead == integer)
        match(integer);
    else  if (lookahead == char)
            match(char);
            else  if (lookahead == num){
                    match(num); match(dotdot); match(num);
                }
                else  error();
}
```

这个分析程序包括非终结符 type 和 simple 的过程及附加的终结符过程 match。使用 match 是为了简化 type 和 simple 的代码，如果它的参数匹配当前的符号，它就调用函数 nexttoken，取下一个单词符号，并改变变量 lookahead 的值。

递归下降分析法的缺点首先是对文法要求高，必须满足 LL(1) 文法。

其次在面对形如：

$A \to \alpha \mid \beta \mid \cdots$

产生式的时候，如果 α 和 β 均以非终结符开始，那么就很难决定何时使用 $A \to \alpha$ 选择，何时又使用 $A \to \beta$ 选择。这就要求计算 α 和 β 的 FIRST 集合，也就是可以正式地开始每个串的符号集合。3.2.2 节详细介绍了这个计算。

再次，在写 ε 产生式的代码：

$A \to \varepsilon$

时，需要了解什么符号可以正式出现在非终结符 A 之后，这是因为这样的符号指出 A 可以恰当地在分析中的这个点处消失。这个集合被称作 A 的 FOLLOW 集合。3.2.2 节中也有这个集合的准确计算。

递归下降分析法还有一个缺点，由于递归调用多，所以速度慢，占用空间多。尽管这样，它还是许多高级语言（如 Pascal，C 等）编译系统常常采用的语法分析方法。

3.4　LL(1)分析法

LL(1)分析使用显式栈而不是递归调用来完成分析。以标准方式表示这个栈非常有用，这样 LL(1)分析程序的动作就可以快捷地显现出来。

自顶向下的分析程序通过将栈顶部的非终结符替换成文法中该非终结符的一个选择来做出分析。其方法是在分析栈的顶部生成当前输入符号，在顶部已匹配了输入符号时便将它从栈和输入中舍弃。

3.4.1　非递归预测分析器

通过显式地维持一个状态栈，而不是隐式地进行递归调用，可以构造非递归预测分析器。非递归预测分析的基本思想是：根据文法 G 构造一张分析表 M，表中元素 $M[X,a]$ 存放的要么是被选择的产生式（正确分析情况），要么是出错处理程序入口（分析出现错误）。整个分析是在分析表 M 的驱动下完成的。图 3-8 所示的非递归预测分析器通过查分析表来决定分析器动作。

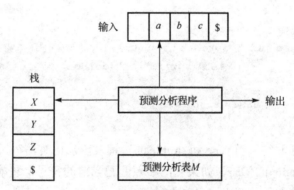

图 3-8　非递归预测分析器模型

栈中存放文法的符号串，栈底符号是 $。初始时，栈中含文法的开始符，它在 $的上面。同时假定输入串之后也总有个 '$'，标志输入串结束。分析表是一个二维数组 $M[X,a]$，X 是非终结符，a 是终结符或$。数组元素 $M[X,a]$ 中的内容是一条关于 X 的产生式，表明当用非终结符 X 向下推导，面临输入符号 a 时，所应采取的备选产生式。

分析器的工作过程如下。预测分析程序根据当前的栈顶符号 X 和输入符号 a 决定分析器的动作，它有以下四种可能。

如果 X 是终结符：

(1)如果 $X=a=$，预测分析器宣告分析成功并停止；

(2)如果 $X=a\neq$，则预测分析器弹出栈顶符号 X，并将输入指针移到下一个输入符号上；

(3)如果 $X\neq a$，则预测分析器报告出错，调用错误处理，如果 X 是非终结符，访问分析表 M 的 $M[X,a]$ 项；

(4)如果 $M[X,a]=\{X\rightarrow UVW\}$，则弹出栈顶的 X，将 UVW 以 WVU 的顺序入栈，让 U 在栈顶。这里假定预测分析器同时打印产生式 $X\rightarrow UVW$ 作为输出，当然也可以执行其他代码。如果 $M[X,a]=error$，则预测分析器调用错误处理。

　　分析器的初始格局是：$S 在栈里，其中 S 是开始符号并且在栈顶；w$ 在输入缓冲区。下面是用预测分析表 M 对输入串进行分析的程序。

```
让输入指针 ip 指向 w$ 的第一个符号；
while(ture)
{
    令 X 等于栈顶符号，并且 a 等于 ip 指向的符号；
    if(X ∈ V_T)
        if(X == a)把 X 从栈顶弹出，ip 指向下一输入符号；
        else error();
    else if(X == ' $ ')
            if(X == a) 分析成功，返回；
            else error();
    else if(M[X, a] == X→Y_1Y_2 … Y_k)
        {
            X 弹出栈；
            把 Y_k, Y_{k-1}, …, Y_1 依次压入栈，Y_1 在栈顶；
            输出产生式 X→Y_1Y_2 … Y_k；
        }
        else error();
}
```

　　【例 3-7】　例 3-2 中文法的预测分析表见表 3-1，表中空白表示出错，非空白指示一个产生式。

表 3-1　例 3-2 中文法的预测分析表

非 终 结 符	输 入 符 号					
	id	**+**	*****	**(**	**)**	**$**
E	$E→TE'$			$E→TE'$		
E'		$E'→+TE'$			$E'→ε$	$E→ε$
T	$T→FT'$			$T→FT'$		
T'		$T'→ε$	$T'→*FT'$		$T'→ε$	$T'→ε$
F	$F→id$			$F→(E)$		

　　如果输入是 **id + id * id**，分析过程中各部分的变化如表 3-2。输入指针指向输入串最左边的符号。仔细观察分析器的动作可知，分析器跟踪的是输入的最左推导，也就是输出最左推导的那些产生式。已经扫描过的符号加上栈中的文法符号（从顶到底）构成最左推导的句型。

表 3-2　对输入 **id + id * id** 使用预测分析表的预测分析过程

栈	输 入 串	输出产生式
$E	id + id * id$	$E→TE'$
$E'T	id + id * id$	$T→FT'$
$E'T'F	id + id * id$	$F→id$
$E'T'id	id + id * id$	'id' 匹配
$E'T'	+ id * id$	$T'→ε$
$E'	+ id * id$	$E'→+TE'$
$E'T+	+ id * id$	'+'匹配

栈	输　入　串	输出产生式
$E'T'$	id * id$	$T \rightarrow FT'$
$E'T'F$	id * id$	$F \rightarrow id$
$E'T'$id	id * id$	'id' 匹配
$E'T'$	* id$	$T' \rightarrow *FT'$
$E'T'F*$	* id$	'*' 匹配
$E'T'F$	id$	$F \rightarrow id$
$E'T'$id	id$	'id' 匹配
$E'T'$	$	$T' \rightarrow \varepsilon$
E'	$	$E' \rightarrow \varepsilon$
$	$	接受

3.4.2　构造预测分析表

下面的算法为文法 G 构造预测分析表，在对文法 G 的每个非终结符号 A 及其任意选择 α 都构造出 FIRST(α) 和 FOLLOW(A) 之后，用它们来构造 G 的分析表 $M[A,a]$。这个算法的思想如下：如果 $A \rightarrow \alpha$ 是产生式且 a 在 FIRST(α) 中，那么当前输入符号为 a，栈顶是 A 时，分析器用 α 展开 A。当 $\alpha \Rightarrow^* \varepsilon$ 时，如果当前输入符号（包括$）在 FOLLOW($A$) 中，仍应用 α 展开 A。

非递归预测分析表的构造算法如下。

(1) 对文法 G 的每个产生式 $A \rightarrow \alpha$，执行第 (2) 步和第 (3) 步。

(2) 对每个终结符号 $a \in$ FIRST(α)，把 $A \rightarrow \alpha$ 加至 $M[A,a]$ 中。

(3) 若 $\varepsilon \in$ FIRST(α)，则对 FOLLOW(A) 的每一个终结符 b，将 $A \rightarrow \alpha$ 加入到 $M[A, b]$ 中；若 ε 在 FIRST(α) 中，且$在 FOLLOW($A$) 中，则将 $A \rightarrow \alpha$ 加入到 $M[A,$]$ 中。

(4) 把所有无定义的 $M[A,a]$ 标上错误标记。

【例 3-8】　把非递归预测分析表的构造算法作用于例 3-2 中的文法。因为 FIRST(E) = FIRST(TE') = FIRST(T) = {(, **id**}，因此产生式 $E \rightarrow TE'$ 使得 M 数组中元素 $M[E,($ 和 $M[E, $**id**$]$ 的内容为产生式 $E \rightarrow TE'$。

产生式 $E' \rightarrow +TE'$ 使 $M[E', +]$ 含产生式 $E' \rightarrow +TE'$。因为 FOLLOW(E') = {), $}，产生式 $E' \rightarrow \varepsilon$ 使 $M[E',)]$ 和 $M[E', $]$ 含产生式 $E' \rightarrow \varepsilon$。

非递归预测分析表的构造算法作用于例 3-2 中文法产生的分析表见表 3-1。

上述算法可应用于任何文法 G 以构造它的分析表 M。但对于某些文法，有些 $M[A,a]$ 可能包含多个产生式，或者说有些 $M[A,a]$ 可能是多重定义的。如果 G 是左递归或二义的，那么 M 至少含有一个多重定义入口。因此，消除左递归和提取左因子将有助于获得无多重定义的分析表。

【例 3-9】　以例 3-4 的条件表达式为例。文法重写如下：

```
stmt→if expr then stmt e_part   /* e_part 指 else_part */
     |other
e_part→else stmt|ε
expr→b
```

它的分析表见表 3-3。

这个文法是二义的，即看见 **else** 时无法决定使用哪个产生式。此时可以只选择 e_part→**else** stmt 来解决这种二义性，这个选择刚好满足 **else** 和最接近的 **then** 配对这个约定。

表 3-3　例 3-9 文法的预测分析表

非 终 结 符	输 入 符 号					
	other	b	else	if	then	$
stmt	stmt→**other**			stmt→if···		
e_part			e_part→**else** stmt e_part→ε			e_part→ε
expr		expr→b				

可以证明，如果一个文法是 LL(1) 文法，那么该文法的预测分析表中没有多重定义表项。还可以证明，非递归预测分析表的构造算法为 LL(1) 文法 G 产生的分析表能分析 L(G) 的所有句子，也仅能分析 L(G) 的句子。

那么，当分析表有多重定义的条目时应该怎么办。一种办法是进行文法变换，消除左递归，提取左因子，以期得到的新文法的分析表没有多重定义的条目。但有些文法无论怎么样也不能产生 LL(1) 文法。如例 3-9 中的文法，它的语言没有 LL(1) 文法。正如例中所见，让 M[e_part, **else**] = {e_part→**else** stmt}，那么仍可以用预测分析器对例 3-9 中的文法进行分析。这种变换同时还使得文法很难阅读而且不易于翻译。一般来说，没有一个普遍适合的规则可用来删除多重定义的表项成为单值而不影响分析器识别的语言。

3.5　预测分析中的错误处理

预测分析过程中，如果出现了下列两种情况，则说明遇到了语法错误：

(1) 栈顶的终结符与当前的输入符号不匹配；

(2) 非终结符 A 处于栈顶，面临的输入符号为 a，但分析表 M 中 M[A,a] 为空。

对于非递归的预测分析时出现的错误，可以采用**紧急错误恢复策略**，这种方法适用于大多数分析方法。发现错误时，分析器每次跳过一些输入符号，直到期望的同步符号中的一种出现为止。这种方法简单，不会陷入死循环。缺点是常常跳过一段输入符号而不检查其中是否有其他错误，但是在一个语句很少出现多个错误的情况下，它还是可以胜任的。

这种做法的效果有赖于同步符号集合的选择。可以从以下几个方面考虑同步符号集的选择。

(1) 开始，可以把 FOLLOW(A) 中所有符号放入非终结符 A 的同步符号集合中。如果跳过一些输入符号直至出现 FOLLOW(A) 中的元素，则把 A 从栈中弹出来，使分析可以继续下去。

(2) 把高层结构的开始符号加到低层结构的同步集合中。只用 FOLLOW(A) 作为非终结符 A 的同步符号集是不够的。例如，分号在 C 语言中作为语句的结束符，那么作为语句开始符号的关键字很可能不出现在表达式非终结符号的 FOLLOW 集合中。这样，仅按上面的办法来设定同步符号集合，如果发生语句结束的分号的遗漏，就会引起下一语句的开始关键字被跳过。

(3) 如果把 FIRST(A) 中的终结符加入非终结符 A 的同步符号集合，那么当 FIRST(A) 中的一个符号在输入中出现时，可以根据 A 恢复语法分析。

(4)如果非终结符可以产生空串,若出错时栈顶是这样的非终结符,那么可以使用产生空串的产生式。这样做会延迟错误的发现,但不会遗漏,好处是可以减少错误恢复要考虑的非终结符数。

(5)如果栈顶的终结符不能被匹配,那么简单的方法就是弹出该终结符,继续分析。同时报告错误,这种方式相当于把所有其他符号作为该终结符的同步集合。

对于改后的分析表,如果遇到 $M[A,a]$ 是空,则跳过输入符号 a,若该项为"同步",则弹出栈顶的非终结符;如果是初始状态,则需要继续读入下一个输入符号,直至该项不为空或"同步";若栈顶的终结符号不匹配输入符号,则弹出栈顶的终结符。

【例 3-10】 例 3-2 中文法加入同步符号后,见表 3-4,表中用 synch 来指示从非终结符的 FOLLOW 集合中得到的同步符号。

表 3-4　同步符号加到表 3-1 的分析表上

非终结符	输 入 符 号					
	id	+	*	(	)	$
E	$E \rightarrow TE'$			$E \rightarrow TE'$	synch	synch
E'		$E' \rightarrow +TE'$			$E' \rightarrow \varepsilon$	$E' \rightarrow \varepsilon$
T	$T \rightarrow FT'$	synch		$T \rightarrow FT'$	synch	synch
T'		$T' \rightarrow \varepsilon$	$T' \rightarrow *FT'$		$T' \rightarrow \varepsilon$	$T' \rightarrow \varepsilon$
F	$F \rightarrow id$	synch	synch	$F \rightarrow (E)$	synch	synch

分析时,如果发现 $M[A,a]$ 为空,则跳过当前输入符号 a;如果 $M[A,a]$ 为 synch,则弹出栈顶的非终结符;如果栈顶的终结符不匹配当前输入符号,则弹出栈顶的终结符。

3.6　小　　结

语法分析是编译程序的核心部分。语法分析的作用是识别由词法分析给出的单词符号序列是否是给定文法的正确句子(程序),目前语法分析常用的方法有**自顶向下(自上而下)分析**和**自底向上(自下而上)分析**两大类。

确定的自顶向下分析方法虽对文法有一定的限制,但由于实现方法简单、直观,便于手工构造或自动生成语法分析器,因而仍是目前常用的方法之一。要求学员通过本章的学习后,能够对一个给定的文法判断是否是 LL(1) 文法;能构造预测分析表;能用预测分析方法判断给定的输入符号串是否是该文法的句子。对某些非 LL(1) 文法做等价变换后可能变成 LL(1) 文法。

复习思考题

1. 选择题

(1)语言是_____。

　　A. 句子的集合　　　　　　　　B. 产生式的集合

　　C. 符号串的集合　　　　　　　D. 句型的集合

(2)编译程序前三个阶段完成的工作是_____。

    A. 词法分析、语法分析和代码优化

    B. 代码生成、代码优化和词法分析

    C. 词法分析、语法分析、语义分析和中间代码生成

    D. 词法分析、语法分析和代码优化

(3) 采用自顶向下分析，必须_____。

    A. 消除左递归   B. 消除右递归

    C. 消除回溯   D. 提取公共左因子

2. 简答题

(1) (a) 消除简答题第 (1) 小题文法的左递归；

    (b) 为 (a) 的文法构造预测分析器。

(2) 为简答题第 (1) 小题的文法构造预测分析器。

(3) 构造下面文法的 LL(1) 分析表。

$$D \rightarrow TL$$
$$T \rightarrow \textbf{int} \mid \textbf{real}$$
$$L \rightarrow \textbf{id} \ R$$
$$R \rightarrow , \ \textbf{id} \ R \mid \varepsilon$$

(4) 下面文法是否为 LL(1) 文法？说明理由。

$$S \rightarrow A \ B \mid P \ Q \ x \quad A \rightarrow x \ y \quad B \rightarrow b \ c$$
$$P \rightarrow d \ P \mid \varepsilon \quad Q \rightarrow a \ Q \mid \varepsilon$$

(5) 考虑文法：

$$S \rightarrow (L) \mid \alpha$$
$$L \rightarrow L, \ S \mid S$$

(a) 建立句子 $(a,(a,a))$ 和 $(a,((a,a),(a,a)))$ 的语法树；

(b) 为 (a) 的两个句子构造最左推导；

(c) 为 (a) 的两个句子构造最右推导；

(d) 这个文法产生的语言是什么？

(6) 考虑文法：

$$S \rightarrow aSbS \mid bSaS \mid \varepsilon$$

(a) 为句子 *abab* 构造两个不同的最左推导，以此说明该文法是二义的；

(b) 为 *abab* 构造对应的最右推导；

(c) 为 *abab* 构造对应的语法树；

(d) 这个文法产生的语言是什么？

(7) 下面的二义文法描述命题演算公式，为它写一个等价的非二义文法。

$$S \rightarrow S \ \textbf{and} \ S \mid S \ \textbf{or} \ S \mid \textbf{not} \ S \mid \textbf{true} \mid \textbf{false} \mid (S)$$

第4章　自底向上语法分析

学习目标

系统学习自底向上语法分析的原理和分析技术。

学习要求

- 掌握：LR(0)分析法、SLR(1)分析法。
- 了解：规范的 LR 分析、LALR 分析和算符优先分析法。

自底向上分析也称移进–归约分析。自底向上是指从输入符号串开始，逐步向上进行"归约"，直到归约到文法的开始符号。移进–归约分析为输入串构造语法树是从叶结点开始并朝着根结点逆序前进的。

4.1　自底向上分析的基本概念

4.1.1　归约

对输入符号串自左向右进行扫描，并将输入符号逐个移入栈中，边移入边分析，当栈顶符号串和某个产生式的右部匹配时，就用该产生式的左部非终结符代替相应右部的文法符号串，这称为**归约**。如果每步都能恰当地选择子串，归约实际跟踪的是最右推导过程的逆过程，而最右推导为规范推导，自左向右的归约过程也称为**规范归约**。事实上，归约是与推导相对的概念。推导是把句型中的非终结符用产生式的一个右部来替换的过程，归约是把句型中的某个子串用对应产生式的左部非终结符来替换的过程。规范归约即自底向上分析，也就是为输入串构造语法树是从叶结点(底部)开始，向根结点(顶部)前进。

【例 4-1】　设文法 $G[S]$：

> $S \rightarrow aAcBe$
> $A \rightarrow Ab \mid b$
> $B \rightarrow d$

对输入串 *abbcde* 进行分析，看该符号串是否是 $G[S]$ 的句子。

对输入串 *abbcde* 的最右推导为：

> $S \rightarrow aAcBe \rightarrow aAcde \rightarrow aAbcde \rightarrow abbcde$

据此构造 *abbcde* 的归约过程。

从左向右扫描 *abbcde*，寻找能够和某产生式右部匹配的子串，子串 *b* 和 *d* 满足要求。选择位于左边的 *b*，用 *A* 代替(因为有 $A \rightarrow b$) *b*，得到新串 *aAbcde*。现在子串 *Ab,b* 和 *d* 分别都满足要求，用 *A* 代替子串 *Ab*(有 $A \rightarrow Ab$)，得到 *aAcde*。然后，因有 $B \rightarrow d$，那么用 *B* 代替 *d*，得 *aAcBe*，再用 *S* 代替此串。这样，归约序列：

> *abbcde*
> *aAbcde*
> *aAcde*
> *aAcBe*
> *S*

表示了 *abbcde* 到 *S* 的归约。

在上述归约过程中，一共进行了四次归约。前两次归约时每次都有两个以上的子串匹配某产生式的右部，这时需要决定到底应该对哪个子串进行归约。或者换种说法，如果把被选择做归约的那个子串称作"可归约串"，那么在第二次归约时，何以决定 *Ab* 形成"可归约串"，对它进行归约操作，而 *b* 和 *d* 不是"可归约串"。这里就需要精确定义"可归约串"这个概念。

对"可归约串"的不同定义形成了不同的自底向上分析法。在算符优先分析法中，"可归约串"称为"最左素短语"；而在自左向右的"规范归约"分析法中，则用"句柄"来指代"可归约串"。

4.1.2　句柄

设 $\alpha\beta\delta$ 是文法 G 的一个句型，若存在

> $S\Rightarrow^{*}\alpha A\delta$ 且 $A\Rightarrow^{+}\beta$

则称 β 是句型 $\alpha\beta\delta$ 相对于 A 的**短语**。特别地，若有

> $A\Rightarrow\beta$

则称 β 是句型 $\alpha\beta\delta$ 相对于产生式 $A\rightarrow\beta$ 的**直接短语**。

一个句型的最左直接短语被称为**句柄**。

【例 4-2】　设有文法 G：

> $S\rightarrow cAd$
> $A\rightarrow ab\,|\,a$

对于符号串 *w=cabd*，显然存在推导 $S\Rightarrow cAd\Rightarrow cabd$，则 *ab* 是句型 *cabd* 相对于 *A* 的短语，也是相对于 *A* 的直接短语；同时 *ab* 也是句型 *cabd* 的句柄。

句柄的特征：

(1) 它是直接短语，即某产生式的右部；

(2) 它有最左性。

注意：短语、直接短语和句柄都是针对某一句型的，特指句型中的哪些符号串能构成短语和直接短语，离开具体的句型来谈短语、直接短语和句柄是无意义的。

非形式地说，一个句型的句柄是和一个产生式右部匹配的子串，并且，把它归约成该产生式左部的非终结符代表了最右推导逆过程的一步。在很多情况下，句型中能和某产生式 $A\rightarrow\beta$ 右部匹配的最左子串 β 就是句柄；但并非总是这样，有时用这个产生式归约产生的串不能归约到开始符号。因此，一个句型中与某产生式右部匹配的最左子串要确定为该句型的句柄，还需要能够从开始符号出发经过推导得到该句型这一条件。在例 4.1 中的第二个句型 *aAbcde* 中，如果用 *A* 代替 *b*，得到 *aAAcde*，那它就不能归约成 *S*。

如果文法有二义性，那么由此就会存在多于一个的推导，则在右句型中就会有多于一个的句柄。如果文法没有二义性，则句柄就是唯一的。

【例 4-3】 考虑文法：

$$E \rightarrow E + T \mid T$$
$$T \rightarrow T * F \mid F$$
$$F \rightarrow (E) \mid id$$

的句型 $id_1 * id_2 + id_3$。虽然有 $E \Rightarrow^* id_2 + id_3$，但 $id_2 + id_3$ 不是该句型的短语，因为不存在从 E 到 $id_1 * E$ 的推导。而 $id_1, id_2, id_3, id_1 * id_2$ 和 $id_1 * id_2 + id_3$ 都是句型的短语，其中 id_1, id_2, id_3 都是直接短语，而且 id_1 是最左直接短语，即句柄。

注意句柄的"最左"特性。对于规范句型来说，句柄的后面只能出现终结符。

4.1.3 用栈实现自底向上分析

自底向上的分析使用了显式栈来完成分析，这与非递归的预测分析类似。用栈实现自底向上分析的方法中用一个后进先出栈保存文法符号，用一个输入缓冲区保存要分析的输入符号串 w，用一个不属于文法符号的特殊符号\$标记栈底；也用它标记输入串的右端，既将它放置在输入符号串的结尾。

对句子进行自底向上分析或移进-归约分析时，要解决两个问题。第一是确定右句型中的"可归约串"；第二是如果这个"可归约串"匹配多个产生式的右部，怎么确定选择哪一个产生式来进行归约。

用句柄来描述移进-归约分析过程的"可归约串"。移进-归约分析的实质是，在移进过程中，当发现栈顶出现句柄时，就用相应产生式的左部非终结符进行替换。

分析开始时，栈中的"\$"符号在栈底，输入串 w 在输入缓冲区中并在输入串末尾加上一个"\$"，如下所示：

栈	输入
\$	$w\$$

分析器自左向右把输入串的符号一一入栈，直到栈顶出现一个可归约串（即句柄）为止，然后把这个句柄用相应产生式的左部非终结符替换，即进行归约。分析器重复这个移进-归约过程，直到它发现错误；或者直到输入串为空并且栈中只含开始符号：

栈	输入
$\$S$	\$

这时，分析停止并宣告分析成功。

【例 4-4】 文法如下。考察移进-归约分析器在分析输入串 $id_1 * id_2 + id_3$ 时的动作。使用下面给出最右推导过程的逆过程。输入串 $id_1 * id_2 + id_3$ 的分析（规范归约）步骤见表 4-1。注意，由于该文法对这个输入有两种最右推导，所以还存在分析器可取的另一个动作序列。

$$E \rightarrow E + E$$
$$E \rightarrow E * E$$
$$E \rightarrow (E)$$
$$E \rightarrow id$$

最右推导：

$$E \Rightarrow E * E \Rightarrow E * E + E \Rightarrow E * E + id_3 \Rightarrow E * id_2 + id_3 \Rightarrow id_1 * id_2 + id_3$$

表 4-1　移进-归约分析器对于输入 $id_1 * id_2 + id_3$ 的分析

栈	输　入	动　作
$	$id_1 * id_2 + id_3$$	移进
$ id_1	$* id_2 + id_3$$	按 $E \to id$ 归约
$$E$	$* id_2 + id_3$$	移进
$$E*$	$id_2 + id_3$$	移进
$ $E* id_2$	$+ id_3$$	按 $E \to id$ 归约
$ $E*E$	$+ id_3$$	移进
$ $E*E+$	$id_3$$	移进
$ $E*E+ id_3$	$	按 $E \to id$ 归约
$ $E*E+E$	$	按 $E \to E+E$ 归约
$ $E*E$	$	按 $E \to E*E$ 归约
$$E$	$	接受

规范归约时分析器对符号栈的操作动作有移进、归约、接受和出错四种。

(1)**移进**动作：指把输入串的一个输入符号移进栈。

(2)**归约**动作：当句柄出现在栈顶时，用相应产生式左部非终结符代替句柄。

(3)**接受**动作：分析器宣告分析成功。

(4)**出错**动作：分析器发现栈顶内容与输入串相悖，此时出现语法错误，调用错误处理程序。

一个重要的事实使得在规范归约时使用栈是很有用的：可归约串总是会出现在栈顶而不是在栈的内部。在第一步归约前和每一步归约后，分析器需要移进若干个(或零个)输入符号以使下一个句柄进栈，但它不需要深入栈中查找句柄。下面说明怎样选取适当的动作使移进-归约分析器正常工作。

4.1.4　移进-归约分析的冲突

有些上下文无关文法不能使用移进-归约分析。这种文法的移进-归约分析器会到达这样的格局，它根据栈中所有的内容和下一个输入符号不能决定是移进还是归约(**移进-归约冲突**)，或不能决定按哪一个产生式进行归约(**归约-归约冲突**)。现在给出一些语法结构的例子，它们属于这种文法。从技术上讲，这些文法不属于 4.3 节定义的 LR(k)类，称它们为非 LR 文法。LR(k)中的 k 代表向前看输入符号的个数，程序设计语言的文法都属于 LR(1)类，即向前看一个符号。

【例 4-5】　二义文法绝不是 LR 的，如考察悬空 else 文法：

```
stmt → if expr then stmt
      |if expr then stmt else stmt
      |other
```

如果归约过程中处于下面的格局：

　　栈　　　　　　　　　　　　　输入

　　… **if** expr **then** stmt　　　　**else** … $

这时不知道 **if** expr **then** stmt 是否为句柄，这是移进-归约冲突，所以这个文法不是 LR(1)。

更一般地说，没有一种二义文法是 LR(k) 的(对于任何 k)。

不过，必须指出，移进-归约分析还是可以用来分析某些二义文法的，如上面的 if-then-else 文法。当为含条件语句的两个产生式的文法构造这样的分析器时，存在着上面所讲的冲突，如果采用移进优先的策略来解决这个冲突，分析器的行为就自然了。

非 LR 出现的另一种情况是，知道了句柄，但根据栈里的内容和下一个输入符号无法决定按哪个产生式归约。下面例子说明这种情况。

【例 4-6】　假定词法分析器对任何标识符返回单词符号 **id** 而不管它是如何使用的，假如语言的过程调用是给出它们的名字和参数表，并且数组元素的引用也用同样的语法。因为数组引用的下标和过程调用的参数的翻译是不一样的，这就需要用不同的产生式来产生实参表和下标表。这样，文法可以有下面一些产生式：

(1) stmt→**id**(parameter_list)；

(2) stmt→expr := expr；

(3) parameter_list→parameter_list, parameter；

(4) parameter_list→parameter；

(5) parameter→**id**；

(6) expr→**id**(expr_list)；

(7) expr→**id**；

(8) expr_list→expr_list, expr；

(9) expr_list→expr。

由 $A(I, J)$ 开始的语句经词法分析后，变为单词符号流 **id**(**id**, **id**)…进入分析器。把前三个单词符号移进栈后，分析器的格局是：

栈	输入
… **id**(**id**	, **id**)…

很明显，栈顶的 **id** 必须归约，但是要确定按哪个产生式归约。如果 A 是过程名，应按产生式 (5) 归约；如果 A 是数组名，应按产生式 (7) 归约。但是栈中不能提供足够的信息决定应按哪个归约，必须使用符号表中关于 A 的信息。

解决这个问题的一种办法是把产生式 (1) 的单词符号 **id** 改为 **procid**，并且使用更聪明一点的词法分析器，它识别出作为过程名的标识符时，返回单词符号 **procid**。当然，这样做就要求词法分析器在返回单词符号前访问符号表。

这样修改后，处理 $A(I, J)$ 时，分析器处于如下格局：

栈	输入
… **procid**(**id**	, **id**)…

或处于前面的格局。前者用产生式 (7) 归约，后者用产生式 (5) 归约。注意，栈中的第三个符号用来决定归约用的产生式，虽然它本身不包含在这个归约中。移进-归约分析可以深入到栈里取信息来指导分析。

4.2　算符优先分析

优先分析法又可分为简单优先分析法和算符优先分析法。

简单优先分析法的基本思想是对一个文法按一定原则求出该文法所有符号(即终结符和非终结符)之间的优先关系,按照这种关系确定归约过程中的句柄,它的归约过程实际上是一种规范归约。

算符优先分析的基本思想是只规定算符(广义为终结符)之间的优先关系,也就是只考虑终结符之间的优先关系,不考虑非终结符之间的优先关系。在归约过程中只要找到可归约串就归约,并不考虑归约到哪个非终结符,算符优先分析的可归约串不一定是规范句型的句柄,所以算符优先归约不是规范归约。算符优先分析的可归约串是当前符号栈中的符号和剩余的输入符号构成的句型的最左素短语。

算符优先分析法虽有不规范问题,但它分析速度快,特别适用于表达式的分析,因此在实际应用中常常采取适当措施克服其缺点。

本节主要介绍算符优先分析法。

【例 4-7】　有文法 G:

$$E \rightarrow E+E$$
$$E \rightarrow E*E$$
$$E \rightarrow \textbf{id}$$

对输入串 $\textbf{id}_1+\textbf{id}_2*\textbf{id}_3$ 的归约过程可表示为表 4-2。

表 4-2　对输入串 $id_1+id_2*id_3$ 的归约过程

步　骤	栈	输　入	动　作
(1)	$	$id_1 + id_2 * id_3$\$	移进
(2)	\$ id_1	$+ id_2 * id_3$\$	按 $E \rightarrow id$ 归约
(3)	\$ E	$+ id_2 * id_3$\$	移进
(4)	\$ $E+$	$id_2 * id_3$\$	移进
(5)	\$ $E+id_2$	$* id_3$\$	按 $E \rightarrow id$ 归约
(6)	\$ $E+E$	$* id_3$\$	移进
(7)	\$ $E+E*$	id_3\$	移进
(8)	\$ $E+E*id_3$	\$	按 $E \rightarrow id$ 归约
(9)	\$ $E+E*E$	\$	按 $E \rightarrow E*E$ 归约
(10)	\$ $E+E$	\$	按 $E \rightarrow E+E$ 归约
(11)	\$ E	\$	接受

在分析到第(6)步时,栈顶的符号串为 $E+E$,若只从移进-归约的角度讲,栈顶已出现了产生式(1)的右部,可以进行归约,但从通常四则运算的习惯来看应先乘后加,所以应移进,这就提出了算符优先的问题。

本节所给例子是二义性文法,对二义性文法不能构造确定的分析过程,但是在本例中,人为地规定了算符之间的优先关系,仍然可构造出确定的分析过程。

4.2.1　直观算符优先分析法

通常在算术表达式求值过程中,运算次序是先乘除后加减,这说明了乘除运算的优先级高于加减运算的优先级,乘除为同一优先级但运算符在前边的先做,这称为左结合,加减运算也是如此。这也说明了运算的次序只与运算符有关,而与运算对象无关。因而直观算符优先分析法的关键是对一个给定文法 G，人为地规定其算符的优先顺序，即给出优先级别和同一个级别中的结合性质。算符间的优先关系表示规定如下：

(1) $a \lessdot b$ 表示 a 的优先级低于 b；

(2) $a \doteq b$ 表示 a 的优先级等于 b，即与 b 相同；

(3) $a \gtrdot b$ 表示 a 的优先级高于 b。

但必须注意，这三个关系和数学中的 <、=、> 是不同的。当有关系 $a \gtrdot b$ 时，却不一定有关系 $b \lessdot a$，当有关系 $a \doteq b$ 时，却不一定有 $b \doteq a$。例如，通常表达式中运算符的优先关系有 $+\gtrdot-$，但没有 $-\lessdot+$，有 "$(\doteq)$"，但没有 "$) \doteq ($"。

下面给出一个表达式的文法：

$$E \rightarrow E+E \mid E-E \mid E*E \mid E \ / \ E \mid E \uparrow E \mid (E) \mid \mathbf{id}$$

该文法是二义性的，由于人为地规定了算符之间的优先级别和同一个级别中的结合性质，所以可能构造出确定的分析过程。

可以对此表达式的文法按公认的计算顺序规定优先级和结合性如下：

(1) ↑ 优先级最高。遵循右结合，即 $\uparrow \lessdot \uparrow$。

例如，$2 \uparrow 3 \uparrow 2 = 2 \uparrow 9 = 512$（若为左结合，则 $2 \uparrow 3 \uparrow 2 = 8 \uparrow 2 = 64$）。也就是同类运算符在归约时为从右向左归约。即 $i_1 \uparrow i_2 \uparrow i_3$ 式先归约 $i_2 \uparrow i_3$。

(2) *，/ 优先级其次。服从左结合，即 $*\gtrdot*$、$*\gtrdot/$、$/\gtrdot/$、$/\gtrdot*$。

(3) +，− 优先级最低。服从左结合，即 $+\gtrdot+$、$+\gtrdot-$、$-\gtrdot+$、$-\gtrdot-$。

(4) 对 "("，")" 规定括号的优先级大于括号外的运算符但小于括号内的运算符，内括号的优先级大于外括号的优先级。对于句子括号 "$\$$" 号规定与它相邻的任何运算符的优先级都比它大。此外，对运算对象的终结符 **id** 的优先级最高。

综上所述，表达式运算符的优先关系表如表 4-3 所示。

表 4-3　运算符优先关系表

	+	−	*	/	↑	(	)	id	$
+	⋗	⋗	⋖	⋖	⋖	⋖	⋗	⋖	⋗
−	⋗	⋗	⋖	⋖	⋖	⋖	⋗	⋖	⋗
*	⋗	⋗	⋗	⋗	⋖	⋖	⋗	⋖	⋗
/	⋗	⋗	⋗	⋗	⋖	⋖	⋗	⋖	⋗
↑	⋗	⋗	⋗	⋗	⋖	⋖	⋗	⋖	⋗
(	⋖	⋖	⋖	⋖	⋖	⋖	≐	⋖	
)	⋗	⋗	⋗	⋗	⋗		⋗		⋗
id	⋗	⋗	⋗	⋗	⋗		⋗		⋗
$	⋖	⋖	⋖	⋖	⋖	⋖		⋖	≐

很显然所给表达式文法是二义性的，但通过人为直观地给出运算符之间的优先关系，由优先关系表 4-3 可知这种优先关系是唯一的。有了这个优先关系表，就能唯一确定对前面表达式的输入串 $i_1+i_2*i_3$ 的归约过程了，也就是说在表 4-2 分析到第 (6) 步时，栈中出现了 $\$E+E$，可归约为 E，但当前输入符为 '*'，由于规定 $+\lessdot*$，所以应移进。

下面将介绍对任意给定的一个文法如何按形式算法的规则计算算符之间的优先关系。

4.2.2　算符优先文法的定义

首先给出算符文法和算符优先文法的定义。

设有一文法 G，如果 G 中没有形如 $A \rightarrow \cdots BC \cdots$ 的产生式，其中 B 和 C 为非终结符，则称 G 为**算符文法**（Operater Grammar），也称 OG 文法。

例如，

$$E \rightarrow E+E \mid E-E \mid E*E \mid E \ / \ E \mid E \uparrow E \mid (E) \mid \mathbf{id}$$

其中任何一个产生式中都不包含两个非终结符相邻的情况，因此该文法是算符文法。

设 G 是一个不含 ε-产生式的算符文法，a 和 b 是任意两个终结符，A、B、C 是非终结符，**算符优先关系 $\doteq$、$\lessdot$、$\gtrdot$** 定义如下：

(1) $a \doteq b$ 当且仅当 G 中含有形如 $A \rightarrow \cdots ab \cdots$ 或 $A \rightarrow \cdots aBb \cdots$ 的产生式；

(2) $a \lessdot b$ 当且仅当 G 中含有形如 $A \rightarrow \cdots aB \cdots$ 的产生式，且 $B \overset{+}{\Rightarrow} b \cdots$ 或 $B \overset{+}{\Rightarrow} Cb \cdots$；

(3) $a \gtrdot b$ 当且仅当 G 中含有形如 $A \rightarrow \cdots Bb \cdots$ 的产生式，且 $B \overset{+}{\Rightarrow} \cdots a$ 或 $B \overset{+}{\Rightarrow} \cdots aC$。

设有一不含 ε-产生式的算符文法 G，如果任意两个终结符对 a, b 之间至多只有 $\lessdot$、$\gtrdot$ 和 $\doteq$ 三种关系中的一种成立，则称 G 是一个**算符优先文法**（Operator Precedence Grammar），即 OPG 文法。

由算符优先关系和算符优先文法的定义很容易证明前面给的表达式文法的二义性。

文法 $E \rightarrow E+E \mid E-E \mid E*E \mid E \ / \ E \mid E \uparrow E \mid (E) \mid \mathbf{id}$ 不是算符优先文法。

【例 4-8】　考虑下面的文法 $G(E)$：

(1) $E \rightarrow E+T \mid T$
(2) $T \rightarrow T*F \mid F$
(3) $F \rightarrow P \uparrow F \mid P$
(4) $P \rightarrow (E) \mid \mathbf{id}$

由第 (4) 条产生式有 "(" $\doteq$ ")"；由产生式 $E \rightarrow E+T$ 和 $T \Rightarrow T*F$，有 $+ \lessdot *$；由 (2) 和 (3)，可得 $* \lessdot \uparrow$；由 (1) $E \rightarrow E+T$ 和 $E \Rightarrow E+T$，可得 $+ \gtrdot +$；由 (3) $F \rightarrow P \uparrow F$ 和 $F \Rightarrow P \uparrow F$，可得 $\uparrow \lessdot \uparrow$。由 (4) $P \rightarrow (E)$ 和 $E \Rightarrow E+T \Rightarrow T+T \Rightarrow T*F+T \Rightarrow F*F+T \Rightarrow P \uparrow F*F+T \Rightarrow \mathbf{id} \uparrow F*F+T$ 有 ($\lessdot +$、($\lessdot *$、($\lessdot \uparrow$ 和 ($\lessdot \mathbf{id}$。按照定义，得到文法 G 中终结符对的优先关系表如表 4-4 所示。

表 4-4　优先关系表

	+	*	↑	id	(	)	$
+	$\gtrdot$	$\lessdot$	$\lessdot$	$\lessdot$	$\lessdot$	$\gtrdot$	$\gtrdot$
*	$\gtrdot$	$\gtrdot$	$\lessdot$	$\lessdot$	$\lessdot$	$\gtrdot$	$\gtrdot$
↑	$\gtrdot$	$\gtrdot$	$\lessdot$	$\lessdot$	$\lessdot$	$\gtrdot$	$\gtrdot$
id	$\gtrdot$	$\gtrdot$	$\gtrdot$			$\gtrdot$	$\gtrdot$
(	$\lessdot$	$\lessdot$	$\lessdot$	$\lessdot$	$\lessdot$	$\doteq$	
)	$\gtrdot$	$\gtrdot$	$\gtrdot$			$\gtrdot$	$\gtrdot$
$	$\lessdot$	$\lessdot$	$\lessdot$	$\lessdot$	$\lessdot$		$\doteq$

从表 4-4 可见，文法 G 的任何终结符对 (a, b)，至多只有一种关系成立，因此 G 是一个算符优先文法。

4.2.3　算符优先关系表的构造

通过检查文法 G 的每个产生式的每个选择，可找出所有满足 $a \doteq b$ 的终结符对。为了找出所有满足关系 $<$ 和 $>$ 的终结符对，需要先对 G 的每个非终结符 A 构造两个集合 FIRSTVT(A) 和 LASTVT(A)：

$$\text{FIRSTVT}(A)=\{a\,|\,A\xrightarrow{+} a\cdots \text{ 或 } A\xrightarrow{+} Ba\cdots,\ B\in V_{\mathrm{N}}\}$$
$$\text{LASTVT}(A)=\{a\,|\,A\xrightarrow{+}\cdots a \text{ 或 } A\xrightarrow{+} \cdots aB,\ B\in V_{\mathrm{N}}\}$$

有了这两个集合之后，就可以通过检查每个产生式的所有选择确定满足关系 $<$ 和 $>$ 的所有终结符对。

三种优先关系的计算如下。

（1）$\doteq$ 关系：可直接查看产生式的右部，对如下形式的产生式 $A\to\cdots ab\cdots$，$A\to\cdots aBb\cdots$ 有 $a\doteq b$ 成立。

（2）$<$ 关系：求出每个非终结符 B 的 FIRSTVT(B)，在如下形式的产生式 $A\to\cdots aB\cdots$ 中，对每一 $b\in$ FIRSTVT(B)，有 $a<b$ 成立。

（3）$>$ 关系：计算每个非终结符 B 的 LASTVT(B)，在如下形式的产生式 $A\to\cdots Bb\cdots$ 中，对每一 $a\in$ LASTVT(B)，有 $a>b$ 成立。

下面先讨论构造集合 FIRSTVT(A) 的算法。按其定义，可用下面两条规则来构造集合 FIRSTVT(A)：

（1）若有产生式 $A\to a\cdots$ 或 $A\to Ba\cdots$，则 $a\in$ FIRSTVT(A)；

（2）若 $a\in$ FIRSTVT(B)，且有产生式 $A\to B\cdots$，则 $a\in$ FIRSTVT(A)。

为了计算方便，可以建立一个布尔数组 $F[A,a]$，$F[A,a]$ 为真当且仅当 $a\in$ FIRSTVT(A)。开始时，按上述的规则（1）对每个数组元素 $F[A,a]$ 赋初值。用栈 STACK 把所有初值为真的数组元素 $F[A,a]$ 的符号对 (A,a) 都放在 STACK 中。

运算：如果栈不空，就将栈顶弹出，记为 (B,a)。对于每个形如 $A\to B\cdots$ 的产生式，如果 $F[A,a]$ 为假，则将其赋为真并将 (A,a) 压入栈中。重复这一过程至栈空为止。

上述运算形式化的算法如下。

```
void insert(A, a)
    if(! f[A, a])
    {
        F[A, a] == true;
        push(A, a)onto stack;
    }
```

主程序：

```
void main()
{
    for(每个非终结符 A 和终结符 a)
        F[A, a] == FALSE;
    for(每个形如 A→a···或 A→Ba···的产生式)
        insert(A, a);
    while(!empty(stack))
```

```
        {
            弹出 STACK 栈顶, 记为(B, a);
            for(每条形如 A→B···的产生式)
                insert(A, a);
        }// while
}//main
```

算法得到一个二维数组 F，从它可得任何非终结符 A 的 FIRSTVT。

```
FIRSTVT(A)={a|F[A,a]=TRUE}
```

构造计算 LASTVT 的算法留作练习。

计算出每个非终结符 A 的 FIRSTVT(A) 和 LASTVT(A) 后，就可以构造文法 G 的优先表了。构造优先表的算法是：

```
for(每条产生式 A→X₁X₂···Xₙ)
    for(i=1;i<=n-1;i++)
    {
        if(Xᵢ 和 Xᵢ₊₁ 均为终结符)  置 Xᵢ ≐ Xᵢ₊₁;
        if(i ≤ n-2 且 Xᵢ 和 Xᵢ₊₂ 都为终结符, 但 Xᵢ₊₁ 为非终结符)
            置 Xᵢ ≐ Xᵢ₊₂;
        if(Xᵢ 为终结符而 Xᵢ₊₁ 为非终结符)
            for(FIRSTVT(Xᵢ₊₁)中的每个 b)
                置 Xᵢ ⋖ b;
        if(Xᵢ 为非终结符而 Xᵢ₊₁ 为终结符)
            for(LASTVT(Xᵢ)中的每个 a)
                置 a ⋗ Xᵢ₊₁;
    }
}
```

4.2.4　算符优先分析算法

给定的文法有算符优先关系表并满足算符优先文法时，就可以对任意给定的符号串进行归约分析，进而判定输入串是否为该文法的句子。然而用算符优先分析法的归约过程与规范归约过程是不同的。

为了解决在算符优先分析过程中如何找到可归约串的问题，现引进最左素短语的概念。

设有文法 $G[S]$，其句型的**素短语**是一个短语，它至少包含一个终结符，并除自身外不包含其他素短语。处于句型最左边的素短语称**最左素短语**。

算符优先文法句型(括在两个 \$ 之间)的一般形式写成：

$$\$N_1a_1N_2a_2\cdots N_na_nN_{n+1}\$$$

其中，每个 a_i 都是终结符，N_i 是可有可无的非终结符。算符文法的句型中含有 n 个终结符，任何两个终结符间顶多只有一个非终结符。

最左素短语的形式化的定义是，一个算符优先文法 G 的任何句型的最左素短语是满足如下条件的最左子串 $N_ia_i\cdots N_ja_jN_{j+1}$：

$$a_{i-1} \lessdot a_i$$
$$a_i \doteq a_{i+1}, \cdots, a_{j-1} \doteq a_j$$
$$a_j \gtrdot a_{j+1}$$

在文法的产生式中存在右部符号串的符号个数与该素短语的符号个数相等，非终结符号对应 $N_k(k=i,\cdots,j+1)$，而不管其符号名是什么。终结符对应 $a_i,\cdots,a_j$，其符号名要与 $a_i,\cdots,a_j$ 的实际名相一致，相应位置也一致，才有可能形成素短语。在分析过程中可以设置一个符号栈 S，用以寄存归约或待形成最左素短语的符号串，用一个工作单元 a 存放当前读入的终结符，归约成功的标志是当读到句子结束符\$时，S 栈中只剩\$N\$，即只剩句子左右括号"\$"和一非终结符 N。k 代表符号栈 S 的使用深度。

```
1    k =1;     S[k] ='$';
2    do{
3        把下一个输入符号读进 a 中;
4        if(S[k]∈Vт) j=k;   else  j=k-1;
5        while(S[j] ⋗ a)
6        {
7            do{
8                Q =S[j];
9                if(S[j-1]iVт) j=j-1;   else j=j-2;}
10           while(S[j] ⋗ ≐ Q);
11           把 S[j+1]…S[k]归约为某个 N;
12           k =j+1;
13           S[k] =N;
14       }// while
15       if(S[j] ⋖ a)||(S[j] ≐ a)
16       {k =k+1;   S[k] =a;}
17       else error();              /*调用出错处理程序*/}
18   while(a!= '$');
```

算法第 11 行中的 N 是指那样一个产生式的左部符号，此产生式的右部和 $S[j+1]\cdots S[k]$ 构成如下一一对应关系：自左至右，终结符对终结符、非终结符对非终结符，而且对应的终结符相同。由于非终结符对归约没有影响，因此非终结符可以不进符号栈 S。

算符优先分析一般并不等价于规范归约。由于算符优先分析去掉了单非产生式的归约（即一个非终结符到另一个非终结符的归约），因此算符优先分析法比 LR 分析（规范归约）法的归约速度快。但忽略非终结符在归约过程中的作用，可能导致把不是文法的句子错误地归约成功。

算符优先分析的另一个缺点是对文法有一定的限制，在实际应用中往往只用于算数表达式的归约。

4.2.5　优先函数

前面用算符优先分析法时，对算符之间的优先关系用 $(n+1)*(n+1)$ 优先矩阵表示，从而占用了大量的内存空间。实际应用中往往用优先函数代替优先矩阵表示优先关系。定义两个函数 f 和 g，满足如下条件：

若 $a \lessdot b$，则 $f(a) < g(b)$；

若 $a \doteq b$，则 $f(a) = g(b)$；

若 $a \gtrdot b$，则 $f(a) > g(b)$。

f 称为入栈优先函数，g 称为**比较优先函数**。

使用优先函数便于做比较运算，并且节省存储空间。缺点是使得原来不存在优先关系的两个终结符，由于自然数相对应，变成可以比较的。可能因此隐藏输入串的某些错误。但可以通过检查栈顶元素和输入符号的具体内容来发现那些不可比较的情形。

例 4-8 中的文法 $G(E)$：

$$E \rightarrow E+T \mid T$$
$$T \rightarrow T*F \mid F$$
$$F \rightarrow P \uparrow F \mid P$$
$$P \rightarrow (E) \mid \mathbf{id}$$

的优先关系表见表 4-4，其对应的优先函数如表 4-5 所示。

表 4-5　例 4-8 文法的优先函数

	+	*	↑	(	)	**id**	$
f	2	4	4	0	6	6	0
g	1	3	5	5	0	5	0

有许多优先关系表不存在优先函数，如果存在，就不唯一。表 4-6 所示的优先关系表就不存在对应的优先函数 f 和 g。

表 4-6　优先关系表

	A	b
a	≐	⋗
b	≐	≐

假定存在 f 和 g，则有：$f(a)=g(a)$，$f(a)>g(b)$，$f(b)=g(a)$，$f(b)=g(b)$。

导致如下矛盾：

$$f(a) > g(b) = f(b) = g(a) = f(a)$$

如果优先函数存在，则可以通过以下三个步骤根据优先关系表构造优先函数：

(1)对于每个终结符 a(包括$)，令其对应两个符号 f_a 和 g_a，画一以所有符号 f_a 和 g_a 为结点的方向图。如果 $a \doteqdot b$，则从 f_a 画一箭弧至 g_b，如果 $a \lessdot b$，则画一箭弧从 g_b 至 f_a。

(2)对每个结点都赋予一个数，此数等于从该结点出发所能到达的结点(包括出发点自身)的个数。赋给 f_a 的数作为 $f(a)$，赋给 g_b 的数作为 $g(b)$。

(3)检查所构造出来的函数 f 和 g 是否与原来的关系矛盾。若没有矛盾，则 f 和 g 就是要求的优先函数；若有矛盾，则不存在优先函数。

现在必须证明：若 $a \doteqdot b$，则 $f(a)=g(b)$；若 $a \lessdot b$，则 $f(a)<g(b)$；若 $a \gtrdot b$，则 $f(a)>g(b)$。

第一个关系可从函数的构造直接获得。因为，若 $a \doteqdot b$，则既有从 f_a 到 g_b 的弧，又有从 g_b 到 f_a 的弧。所以，f_a 和 g_b 所能到达的结是全同的。

至于 $a \gtrdot b$ 和 $a \lessdot b$ 的情形，只须证明其一。如果 $a \gtrdot b$，则有从 f_a 到 g_b 的弧。也就是，对于 g_b 能到达的任何结点，f_a 也能到达。因此，$f(a) \geqslant g(b)$。

这时所需证明的是，在这种情况下，$f(b)=g(b)$ 不应成立。

这里需要指出，如果 $f(b)=g(b)$，则根本不存在优先函数。若 $f(b)=g(b)$，那么必有如下的回路：

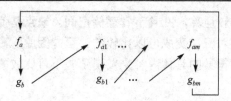

因此有

$$a \succ b, a_1 \lessdot \doteq b, a_1 \succ \doteq b_1, \cdots, a_m \succ \doteq b_m, a_1 \lessdot \doteq b_m$$

对任何优先函数 f 和 g 来说，必定有

$$f'(a) > g(b) \geqslant f'(a_1) \geqslant g(b_1) \geqslant \cdots \geqslant f(a_m) \geqslant g(b_m) \geqslant f'(a)$$

从而导致 $f(a) > f(a)$，产生矛盾。因此不存在优先函数 f 和 g。

使用优先函数虽然占用空间少，但也有缺点：用优先函数进行优先分析时，对两个终结符对没有优先关系的情况不能区分，因而出错时不能准确地指出错误位置。

4.2.6 算符优先分析法的局限性

由于算符优先分析法去掉了单非产生式之间的归约，尽管在分析过程中，当决定是否为句柄时采取一些检查措施，但还是难以完全避免从错误的句子得到正确的归约。

【例 4-9】 下述文法是一个算符优先文法：

$$S \to S; D \mid D$$
$$D \to D(T) \mid H$$
$$H \to a \mid (S)$$
$$T \to T+S \mid S$$

相应的算符优先关系矩阵见表 4-7。

用算符优先分析法对输入串 $(a+a)\$$ 进行分析，可以发现它能完全正确地进行归约，然而串 $(a+a)\$$ 不是该文法能推导出的句子。通常一个使用高级程序设计语言的文法很难满足算符优先文法的条件，所以算符优先分析法仅适用于表达式的语法分析。

表 4-7 算符优先关系矩阵

	;	(	)	A	+	$
;	⋗	⋖	⋗	⋖	⋗	⋗
(	⋖	⋖	≐	⋖	⋖	⋖
)	⋗	⋗	⋗		⋗	⋗
a	⋗	⋗	⋗		⋗	⋗
+	⋖	⋖	⋗	⋖	⋗	
$	⋖	⋖		⋖		≐

4.3 LR 分析法

LR 分析法能根据当前分析栈中的符号串（一般以状态表示）和向前看输入串的 k 个（$k \geqslant 0$）符号确定分析器动作是移进还是归约，以及归约时使用哪个产生式归约。这样就能唯一地确定句柄。这种技术叫作 LR(k) 分析技术，L 是指从左向右扫描输入，R 表示构造最右推导的逆，k 是指在决定分析动作时向前看的符号个数。k 省略时，表示 k 是 1。

LR 分析法能够分析很大一类上下文无关文法，比其他移进-归约分析技术或算符优先分析法识别能力都要高。这一节主要讨论 LR 分析技术的基本思想，然后讨论构造 LR(0) 分析表和简单的 LR(1) 分析表(简称 SLR(1))的技术。

4.3.1 LR 分析算法

LR 分析器模型见图 4-1。一个 LR 分析器由 4 部分组成。

(1) 输入缓冲区：存放输入符号串。

(2) 分析表或称分析函数。它是分析器的核心，含**动作(action)表**和**状态转移(goto)表**两部分，它们都是二维数组。不同的分析方法构造的分析表不同。

(3) 分析程序，也称为驱动程序。所有 LR 分析器的驱动程序都是一样的。

(4) 分析栈。存放文法符号和相应的状态。分析栈为后进先出栈。

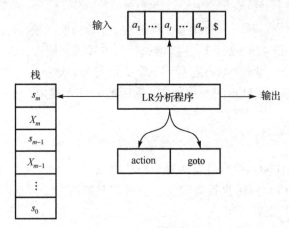

图 4-1 LR 分析器模型

分析驱动程序每次从输入缓冲区读一个符号，用栈存储形式为 $s_0 X_1 s_1 X_2 s_2 \cdots X_m s_m$ 的串，s_m 在栈顶。X_i 是文法符号，s_i 是叫作状态的符号，状态 s_i 概括了从分析开始直到某一归约阶段的全部信息。分析器获取栈顶的状态符号和当前的输入符号，然后检索分析表，以决定分析器的动作。也可以把分析栈看作两个栈，一个存放状态，叫状态栈；另一个存放文法符号，叫文法符号栈。实际上，已归约出的文法符号串没必要移入栈里(它们的信息已经概括在"状态"里了)，但为了更好地理解 LR 分析器的行为，还是把它们放在分析栈里。

动作表的元素 action[s_i, a] 规定了栈顶状态为 s_i 面临输入符号 a 时应执行的动作，动作有下述四种情况。

(1) **移进**。当 s_j=goto[s_i, a] 时，移进 s_j 和 a，其中 s_j 是一个状态。输入指针下移一位。

(2) **归约**。按文法产生式 $A \rightarrow \beta$ 归约。

(3) **接受**。宣布分析成功，分析器停止工作。

(4) **出错**。当遇到栈顶为某一状态下不该出现的文法符号时，则报错，说明输入串不是该文法能接受的句子。此时调用出错处理。

状态转移表内容由表项 goto[s_i, a]= s_j 确定，这个式子是指当栈顶状态为 s_i 遇到当前输入符号为 a 时应转向状态 s_j。

实际上，用 LR 方法从文法 G 构造的分析表的 **goto** 函数都是识别 G 的**活前缀**的确定有限自动机的转换函数。这个 DFA 的开始状态是初始时置于 LR 分析器栈中的状态。

LR 分析器的**格局**是二元组，它的第一部分是栈中的内容，第二部分是尚未扫描的输入：

$$(s_0\ X_1\ s_1\ X_2\ s_2 \cdots X_m s_m,\quad a_i\ a_{i+1} \cdots a_n \$)$$

这个格局代表右句型：

$$X_1\ X_2\ \cdots\ X_m a_i\ a_{i+1}\ \cdots\ a_n$$

可以看出，它本质上和一般的移进-归约分析器一样，只有栈中的状态是新出现的。

分析器的下一个动作是用当前输入符号 a_i 和栈顶状态 s_m 访问分析表条目 action$[s_m, a_i]$ 所决定的，执行每种可能动作后格局变化如下。

（1）若 action$[s_m, a_i]$ = 移进 s，则分析器执行移进动作，进入格局：

$$(s_0\ X_1\ s_1\ X_2\ s_2\ \cdots\ X_m s_m a_i s,\quad a_{i+1}\ \cdots\ a_n \$)$$

即分析器把当前输入符号 a_i 和下一个状态 s 移进栈，s 是当前栈顶，a_{i+1} 成为当前输入符号。

（2）如果 action$[s_m, a_i]$ = $\{A \to \beta\}$，则分析器执行归约动作，假设 β 的长度为 r，则从栈中自栈顶向下去掉 $2r$ 个符号，即 r 个状态符号和 r 个文法符号。这些文法符号刚好匹配产生式右部 β，这时状态 s_{m-r} 为修改指针后的栈顶状态。然后把 A 移入栈内，再把满足 $s = $ goto$[s_{m-r}, A]$ 的状态移进状态栈。此时进入格局

$$(s_0\ X_1\ s_1\ X_2\ s_2\ \cdots\ X_{m-r} s_{m-r} A s,\quad a_i\ a_{i+1}\ \cdots\ a_r\ \$)$$

在归约动作时，当前输入符号没有改变。

LR 分析器的输出由归约时执行与归约产生式有关的语义动作来产生，现阶段，暂且打印归约产生式。

（3）如果 action$[s_m, a_i]$ = 接受，则分析器格局不变，分析成功。

（4）如果 action$[s_m, a_i]$ = 出错，则分析器发现错误，调用错误恢复例程。

【例 4-10】 表 4-8 是下述算术表达式文法的 LR 分析表：

（1）$E \to E + T$
（2）$E \to T$
（3）$T \to T * F$
（4）$T \to F$
（5）$F \to (E)$
（6）$F \to \mathbf{id}$

表 4-8　表达式文法的分析表

状　态	动　作						转　移		
	id	**+**	*****	**(**	**)**	**$**	**E**	**T**	**F**
0	s_5			s_4			1	2	3
1		s_6				acc			
2		r_2	s_7		r_2	r_2			
3		r_4	r_4		r_4	r_4			
4	s_5			s_4			8	2	3
5		r_6	r_6		r_6	r_6			
6	s_5			s_4				9	3

状 态	动 作						转 移		
	id	+	*	(	)	$	E	T	F
7	s_5			s_4					10
8		s_6			s_{11}				
9		r_1	s_7		r_1	r_1			
10		r_3	r_3		r_3	r_3			
11		r_5	r_5		r_5	r_5			

表 4-8 中符号的含义是：

(1)s_j 动作的含义为将当前输入符号和状态 j 压进栈；

(2)r_j 动作的含义是按第 j 个产生式进行归约；

(3)acc 表示接受；

(4)空白表示出错标志。

注意，状态转移表中没有对终结符的状态转移，这是由于终结符 a 的状态转移动作已经在动作表的条目 action[s_i, a]的 s_j 中，所以转移表中仅给出非终结符 A 的 goto[s, A]。

利用表 4-8 的分析表，面对输入 **id**$_1$ * **id**$_2$ + **id**$_3$，分析栈和输入缓冲内容的变化序列在表 4-9 中给出。

表 4-9　移进-归约分析器对于输入 id$_1$ * id$_2$ + id$_3$ 的格局

栈	输 入	动 作
0	id * id + id $	移进
0 id 5	* id + id $	按 $F{\rightarrow}$id 归约
0 F 3	* id + id $	按 $T{\rightarrow}F$ 归约
0 T 2	* id + id $	移进
0 T 2 *7	id + id $	移进
0 T 2 *7 id 5	+ id $	按 $F{\rightarrow}$id 归约
0 T 2 *7 F 10	+ id $	按 $T{\rightarrow}T * F$ 归约
0 T 2	+ id $	按 $E{\rightarrow}T$ 归约
0 E 1	+ id $	移进
0 E 1 + 6	id $	移进
0 E 1 + 6 id 5	$	按 $F{\rightarrow}$id 归约
0 E 1 + 6 F 3	$	按 $T{\rightarrow}F$ 归约
0 E 1 + 6 T 9	$	按 $E{\rightarrow}E + T$ 归约
0 E 1	$	接受

4.3.2　LR 文法和 LR 分析方法的特点

如果能为一个文法构造出所有条目都唯一的 LR 分析表，就说它是 LR **文法**。存在有非 LR 的上下文无关文法，但程序设计语言的结构一般都是 LR 的。直观上说，如果一个文法的自左向右扫描的移进-归约分析器能及时识别出现在栈顶的句柄，那么文法就是 LR 的。注意，LR 文法肯定是无二义的，一个二义文法绝对不是 LR 文法。

LR 分析器不需要扫描整个栈就可以知道句柄是否出现在栈顶，因为栈顶的状态符号包含了确定句柄所需要的一切信息。它基于这样一个重要的事实：如果仅根据栈内的文法符号就可以识别句柄，那么存在一个有限自动机，它自底向上读栈中的文法符号就能确定栈顶是什么句柄(如果有)。LR 分析表的转移函数本质上就是这样的有限自动机。这个有限自动机并不需要随分析栈的每一步变化而自底向上读一次栈，因为如果这个识别句柄的有限自动机自底向上读栈中的文法符号，那么它最后到达的状态正是这时栈顶的状态符号所表示的状态，所以 LR 分析器可以从栈顶的状态确定它需要从栈中了解的一切。在学习了下面的分析表构造方法以后，才能对这段话有深刻的理解。

决定 LR 分析器动作的另一个信息是剩余输入的前 k 个符号，最多向前看 k 个符号就可以决定动作的 LR 分析器所分析的文法叫作 LR(k)文法。$k= 0$ 或 $k=1$ 对大多数程序设计语言来说就已经足够了，本章也仅讨论 $k\leqslant 1$ 的情况。例如，表 4-8 仅向前看一个符号。

LR 分析器相比其他分析方法有如下优点：

(1)能识别所有能用上下文无关文法写的程序设计语言的结构；

(2)是已知的最一般的无回溯的移进-归约方法，它能和其他移进-归约方法一样有效地实现；

(3)预测分析法能分析的文法类是它分析的文法类的真子集；

(4)能及时发现语法错误，在自左向右扫描输入的前提下，它快到不能再快的程度。

LR 分析方法的主要缺点是，对真正的程序设计语言文法，几乎不可能手工构造 LR 分析器，工作量太大。幸好有专门的工具——LR 分析器的生成器。这样的生成器很多，本书将讨论其中之一——Yacc 的设计和使用。这样，只需写出上下文无关文法，就可以用它自动生成该文法的分析器。如果文法二义或有其他难以自左向右分析的结构，分析器的生成器能定位这些结构，并向编译器的设计者报告这些情况。

对于 LR(k)文法，要求读入了产生式右部的所有符号和 k 个向前看符号后，才能够识别产生式右部的出现。这个要求远不如 LL(k)那样严峻，LL(k)文法要求在读入了产生式右部的前 k 个符号后就识别所使用的产生式，由于识别时未能读入产生式右部的全部符号，所以识别难度加大。因此 LR 文法比 LL 文法能描述更多的语言。

【例 4-11】 现有句型 $\gamma l\beta bw$，其规范推导是 $S\Rightarrow_{rm}\cdots\Rightarrow_{rm}\gamma Abw\Rightarrow_{rm}\gamma l\beta bw$，最后一步用的产生式是 $A\rightarrow l\beta$。LL(1)方法在看见右部 $l\beta$ 的第一个符号 l 时就必须决定用这个产生式，而 LR(1)方法在看见右部 $l\beta$ 的后继符号 b 时决定用这个产生式。显然，和 LL(1)方法相比，LR(1)方法是在掌握了更多的信息后才决定用哪个产生式的，因此 LR(1)方法的能力较强。

下面说明如何根据一个给定文法来构造 LR 分析表。在 4.3.3 节中将介绍 LR(0)分析表的构造，在 4.3.4 节介绍简单的 LR(1)分析表的构造。简单的 LR(1)简称 SLR(1)。在 LR 分析技术中，LR(0)的能力是最弱的，然而却是最容易实现的。

4.3.3 构造 LR(0) 分析表

1. 活前缀

在具体介绍 LR 分析法时，需要定义一个概念，就是文法的规范句型的"活前缀"。

设 x 是某一字母表上的符号串，$x=yz$，则 y 是 x 的**前缀**，特别是当 $z\neq\varepsilon$ 时，y 是 x 的真前缀。

【例 4-12】 串 $x=abc$。

前缀：ε、a、ab、abc。

真前缀：ε、a、ab。

子串：abc、ab、bc、a、b、c、ε。

真子串：ab、bc、a、b、c、ε。

文法 $G[S]$ 如下，其中产生式后的[i]是产生式编号：

$$S \rightarrow aAcBe^{[1]}$$
$$A \rightarrow b^{[2]}$$
$$A \rightarrow Ab^{[3]}$$
$$B \rightarrow d^{[4]}$$

输入串 $abbcde$ 的最右推导过程：

$$S \Rightarrow aAcBe^{[1]} \Rightarrow aAcd^{[4]}e^{[1]} \Rightarrow aAb^{[3]}cd^{[4]}e^{[1]} \Rightarrow ab^{[2]}b^{[3]}cd^{[4]}e^{[1]}$$

最左归约规范过程：

$$ab^{[2]}b^{[3]}cd^{[4]}e^{[1]}$$
$$aAb^{[3]}cd^{[4]}e^{[1]}$$
$$aAcd^{[4]}e^{[1]}$$
$$aAcBe^{[1]}$$
$$S$$

每次归约前句型的前面部分 ab，aAb，$aAcd$ 和 $aAcBe$ 称为**可归前缀**。即规范句型的包含句柄且到句柄最右边符号止的前缀称为**可归前缀**。

文法 G 的活前缀是它的规范句型的前缀，该前缀不含句柄之后的任何符号。可归前缀也是活前缀。例如规范句型 $aAbcde$ 的活前缀为：

$$\varepsilon,\ a,\ aA,\ aAb$$

在可归前缀的右端添加一些终结符号后就成为一个规范句型。活前缀为一个或若干个规范句型的前缀，在规范归约过程中的任何时刻已分析过的部分(符号栈中)符号串均为规范句型的活前缀。

LR 方法采用有限自动机来识别规范句型的活前缀，即把输入符号逐个移入符号栈，符号栈始终保持是活前缀，当到达可归前缀时，表明栈中形成句柄而进行归约。反复执行上述过程，直到归约到文法开始符号为止。

2．LR(0)项目

对于一个文法 G，构造一个有限自动机，它能识别 G 的所有活前缀。在此基础上，讨论如何根据这个自动机构造 LR 分析表。这个有限自动机的状态就是由下面定义的"项目"决定的。

在文法 G 中，在每个产生式的右部适当位置添加一个圆点，构成 **LR(0)项目**(简称项目)。如产生式 $A \rightarrow XYZ$ 对应有四个项目：

$$A \rightarrow \cdot XYZ$$
$$A \rightarrow X \cdot YZ$$
$$A \rightarrow XY \cdot Z$$
$$A \rightarrow XYZ \cdot$$

一个产生式可对应的项目数是它的右部符号长度加 1。有得注意的是，对于空产生式 $A \rightarrow \varepsilon$，只有一个项目 $A \rightarrow \cdot$ 和它对应。每个项目的含义与圆点的位置有关。圆点的左部表示用该产生式归约时句柄中已识别过的部分，圆点右部表示待识别部分，圆点达到最右边表示句柄已形成，可以进行归约。可以看出，圆点的左边代表历史信息，而右边代表展望信息。

LR(0) 的项目可分为几类：移进项目、归约项目、待约项目、接受项目、初始项目。

(1) **移进项目**为形如 $A \rightarrow \alpha \cdot a\beta$ 的项目，其中 α，$\beta \in (V_T \cup V_N)^*$，$a \in V_T$，即圆点后面为终结符的项目。对应状态为移进状态，分析时把 a 移进符号栈。

(2) **归约项目**为形如 $A \rightarrow \alpha \cdot$ 的项目，其中 $\alpha \in (V_T \cup V_N)^*$，即圆点在最右端的项目。它表明该产生式的右部已分析完，句柄已形成可以把 α 归约为 A。

(3) **待约项目**为形如 $A \rightarrow \alpha \cdot B\beta$ 的项目，其中 α，$\beta \in (V_T \cup V_N)^*$，$B \in V_N$，即圆点后面为非终结符的项目。它表明等待分析完非终结符 B 所能推出的串归约为 B 后，才能继续分析 A 的右部。

(4) **接受项目**为形如 $S \rightarrow \alpha \cdot$ 的项目，其中 S 是文法开始符号，$\alpha \in (V_T \cup V_N)^+$。即对文法开始符号的产生式的圆点在最右边的项目。它表明输入串可归约为文法开始符号，分析结束。对某些右部含开始符号的文法 $G[S]$，在分析过程中为了确保归约的 S 是文法最初开始符号而不是文法右部出现的 S，因此加入产生式 $S' \rightarrow S$，把 $G[S]$ 拓广为 $G'[S]$，这样 $S' \rightarrow S \cdot$ 成为唯一的接受项目，称 $G'[S]$ 为原文法 $G[S]$ 的**拓广文法**。拓广文法的开始符号 S' 只在左部出现，这样确保了不会混淆。

(5) **初始项目**为形如 $S \rightarrow \cdot \alpha$ 的项目，其中 S 是文法开始符号，$\alpha \in V^+$。即对文法开始符号的产生式的圆点在最左边的项目。对于拓广文法 $G'[S]$，唯一的开始项目为 $S' \rightarrow \cdot S$。

3. 构造 LR(0) 项目集规范族

LR(0) 方法的主要思想是首先根据文法构造识别活前缀的确定有限自动机。构成识别一个文法活前缀的 DFA 项目集(状态)的全体称为这个文法的 LR(0) **项目集规范族**。这样的一族 LR(0) 项目集提供了构造 LR(0) 分析表的基础。

如果 I 是文法 G' 的一个项目集，定义和构造 I 的**闭包** closure(I) 如下：

(1) I 的每个项目都加入 closure(I) 中。

(2) 如果 $A \rightarrow \alpha \cdot B\beta$ 在 closure(I) 中，那么，对所有 B 的产生式 $B \rightarrow \gamma$，项目 $B \rightarrow \cdot \gamma$ 也属于 closure(I)。重复上述过程直到没有更多的项目可加入 closure(I) 为止。

【例 4-13】 考虑拓广的表达式文法：

$$E' \rightarrow E$$
$$E \rightarrow aA \mid bB$$
$$A \rightarrow cA \mid d$$
$$B \rightarrow cB \mid d$$

如果 I 是项目集 $\{[E' \rightarrow \cdot E]\}$，那么 closure($I$) 含下列项目：

$$E' \rightarrow \cdot E$$
$$E \rightarrow \cdot aA$$
$$E \rightarrow \cdot bB$$

从上面知道，如果终结符 B 在点的右邻的一个项目加入 closure(I)，那么与 B 的各产生式对应的并且点在产生式右部左端的项目都加入这个闭包。因此，并不需要列出由闭包运算加入的所有项目 $B \to \cdot \gamma$，而只要列出这样的非终结符 B 就足够了。

有了初态的项目集，就能求出其他状态的项目集。

由于识别活前缀的 DFA 的每个状态都是一个项目集，项目集中的每个项目都不相同，每个项目圆点后的符号也不一定相同，因而对每个项目圆点移动一个位置后，该项目集所代表的状态发出的箭弧上的标记也不完全相同，这样，对于不同的标记将转向不同的状态。对于每个新的状态又可以利用前面的方法，如果圆点后为非终结符，则可对其求闭包，得到该状态的项目集。圆点后面为终结符或在一个产生式的最后，则不会再增加新的项目。

状态转换函数 $goto(I, X)$，其中 I 是一个项目集，X 是一个文法符号。$goto(I, X)$ 的定义是：

```
goto(I, X)=closure(J)
```

其中 $J=\{$任何形如 $A \to \alpha X \cdot \beta$ 的项目$|A \to \alpha \cdot X\beta$ 属于 $I\}$。直观上讲，如果 I 是对某个活前缀 γ 有效的项目集，那么 $goto(I, X)$ 是对活前缀 γX 有效的项目集。

圆点不在产生式右部最左边的项目称为**核**，但拓广文法开始状态的第一个项目 $S' \to \cdot S$ 除外。因此用 $goto(I, X)$ 转换函数得到的 J 为转向后状态所含项目集的核。

而且，每个所需要的项目集都可以由对该项目集的核做闭包形成。当然，加入闭包的项目绝对不会是核。这样，如果扔掉所有的非核项目，就可以用较少的存储空间来表示所需的项目集，反正非核项目可以由闭包过程重新生成。

需要说明的是，由于任何一个高级语言相应文法的产生式都是有限的，每个产生式右部的文法符号个数也是有限的，因此每个产生式可列出的项目也是有限的，由有限的项目组成的子集即项目集作为 DFA 的状态也是有限的，所以无论用哪种方法构造识别活前缀的有限自动机，必定会在有穷的步骤内结束。

例如，如果 I 是两个项目的集合 $\{[E' \to \cdot E], [E \to \cdot aA], [E \to \cdot bB]\}$，那么 $goto(I, a)$ 包括以下项目：

```
E→a·A
A→·cA
A→·d
```

现在可以构造拓广文法 G' 的 LR(0) 项目集的规范族了，算法如下。

```
void items(G')
{
    C = closure({[S'→·S]});
    do
        for(对 C 的每个项目集 I 和每个文法符号 X)
            if(goto(I, X)非空且不在 C 中)
                把 goto(I, X)加入 C 中;
    while(还有可以加入 C 的项目);
}
```

【例 4-14】 现在构造例 4-13 中文法的 LR(0) 项目集规范族：

I_0 : $E' \to \cdot E$	$E \to \cdot bB$
$E \to \cdot aA$	I_1 : $E' \to E \cdot$

$$I_2 : E' \to a \cdot A$$
$$A \to \cdot cA$$
$$A \to \cdot d$$
$$I_3 : E \to b \cdot B$$
$$B \to \cdot cB$$
$$B \to \cdot d$$
$$I_4 : A \to c \cdot A$$
$$A \to \cdot cA$$
$$A \to \cdot d$$
$$I_5 : B \to c \cdot B$$
$$B \to \cdot cB$$

$$B \to \cdot d$$
$$I_6 : E \to aA \cdot$$
$$I_7 : E \to bB \cdot$$
$$I_8 : A \to cA \cdot$$
$$I_9 : B \to cB \cdot$$
$$I_{10} : A \to d \cdot$$
$$I_{11} : B \to d \cdot$$

这些项目集的 goto 函数及与此相应的识别该文法活前缀的确定有限自动机 D 的转换图形式显示在图 4-2 中。

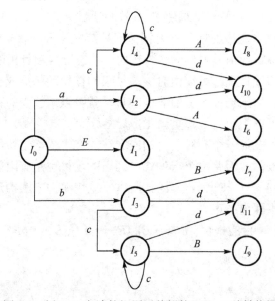

图 4-2　例 4-13 文法的识别活前缀的 DFA D 的转换图

事实上，也可以构造一个识别活前缀的 NFA N，它的状态是项目本身，从 $A \to \alpha \cdot X\beta$ 到 $A \to \alpha X \cdot \beta$ 有转换标记 X，从 $A \to \alpha \cdot B\beta$ 到 $B \to \cdot \gamma$ 有转换标记 ε。项目集（N 的状态集）I 的 closure (I) 正好是 NFA 状态集的 ε 闭包。若根据 N 用子集构造法构造 DFA，则 goto (I, X) 正好给出了在这个 DFA 中从 I 根据符号 X 的转换。上面的 LR(0) 项目集规范族正是子集构造法本身运用于从 G' 构造的这个 NFA N。

如果希望从识别文法的活前缀的 DFA 建立 LR 分析器，则需要考查这个 DFA 的每个项目集中的项目的不同作用。

如果 $S' \Rightarrow^{*}_{rm} \alpha Aw \Rightarrow^{*}_{rm} \alpha\beta_1\beta_2 w$，那么项目 $A \to \beta_1 \cdot \beta_2$ 对活前缀 $\alpha\beta_1$ 是**有效的**。一般而言，一个项目可能对好几个活前缀都是有效的。基于项目 $A \to \beta_1 \cdot \beta_2$ 对活前缀 $\alpha\beta_1$ 的**有效性**，当 $\alpha\beta_1$ 在分析栈的栈顶时，分析器应该移进还是归约呢？如果 $\beta_2 \neq \varepsilon$，那么它暗示句柄还没有完全进栈，应该移进；如果 $\beta_2 = \varepsilon$，那么 β_1 是句柄，应该用产生式 $A \to \beta_1$ 归约。

另外，一个活前缀可能有多个有效项目。一个活前缀 γ 的有效项目集就是从上述 DFA 的初态出发,沿着标记为γ的路径到达的那个项目集(状态),这是 LR 分析理论的一条基本定理。这样,当活前缀γ在栈顶时,其有效项目集(也就是栈顶的状态)概括了所有可以从栈中收集到的有用信息。两个不同的有效项目可能要求分析器采取不同的动作,一些这样的冲突可以由向前看下一个输入符号解决,还有一些可以用其他方法解决。但对于非 LR 文法,有些分析动作的冲突是绝对无法解决的。

【例 4-15】　再次考察例 4-13 中的文法,它的项目集和 goto 函数显示在 LR(0) 项目集规范族和拓广后的 LR(0) 项目集中。显然,串 bc 是例 4-13 中的文法的活前缀。在读完 bc 后,图 4-2 所示的自动机处于状态 I_5 ,它包含项目

$B \rightarrow c \bullet B$
$B \rightarrow \bullet cB$
$B \rightarrow \bullet d$

它们都对 bc 有效。下面三个最右推导:

$E' \Rightarrow E$	$E' \Rightarrow E$	$E' \Rightarrow E$
$\Rightarrow bB$	$\Rightarrow bB$	$\Rightarrow bB$
$\Rightarrow bcB$	$\Rightarrow bcB$	$\Rightarrow bcB$
	$\Rightarrow bccB$	$\Rightarrow bcd$

分别展示了 $B \rightarrow c \bullet B$、$B \rightarrow \bullet cB$ 和 $B \rightarrow \bullet d$ 的有效性。可以证明,不存在对 bc 有效的其他项目了,读者可自行证明。

4. 构造 LR(0) 分析表

给定文法 G, 拓广 G, 产生 G′, 根据 G′构造它的项目集规范族 C, 从 C 使用下面的算法构造分析表的动作函数 action 和转移函数 goto。

构造 LR(0) 分析表算法如下。

(1) 构造 G′的 LR(0) 项目集规范族 $C = \{I_0, I_1, \cdots, I_n\}$。

(2) 状态 i 根据 I_i 构造。action 函数在状态 i 的值按如下方法确定。

① 如果[$A \rightarrow \alpha \bullet a\beta$]在 I_i 中,并且 goto(I_i, a)= I_j,那么当 a 是终结符时,置 action[i, a] 为 s_j,其含义是把 a 和状态 j 移进栈。

② 如果[$A \rightarrow \alpha \bullet$]在 I_i 中,那么对任何终结符 a 和$, 置 action[i, a]和 action[i, $]为 r_j, j 是产生式 $A \rightarrow \alpha$ 的编号。这个动作的意思是按产生式 $A \rightarrow \alpha$ 归约。这里,A 不是 S''。

③ 如果[$S' \rightarrow S \bullet$]在 I_i 中,那么置 action[i, $]为接受 acc。

(3) 使用下面的规则构造 goto 函数在状态 i 的值。

对所有的非终结符 A, 如果 goto(I_i, A)= I_j,那么置 goto[i, A] = j。其中 A 为非终结符,表示当前状态为 i 时,遇到文法符号 A 时状态应转向 j。

(4) 不能由规则(2)和(3)定义的条目都置为 error。

(5) 分析器的初始状态是包含[$S' \rightarrow \bullet S$]的项目集对应的状态。

如果由上面规则产生的动作有冲突,那么该文法就不是 LR(0) 文法。在这种情况下,这个算法不产生 LR(0) 分析器。若一个文法 G 的拓广文法 G′的识别活前缀自动机中的每个状态(项目集)不存在下述情况:

(1) 既含移进项目又含归约项目;

（2）含有多个归约项目，

则称 G 是一个 LR(0)**文法**。

根据上面的方法构造的 LR(0) 分析表不含多重定义时，称该分析表为文法 G 的 LR(0)**分析表**，能使用 LR(0) 分析表的分析器叫作 G 的 LR(0)**分析器**，能构造 LR(0) 分析表的文法叫作 LR(0) 文法。

【**例 4-16**】 为例 4-13 中的文法构造 LR(0) 分析表，它的 LR(0) 项目集规范族前面已给出。文法编号如下：

$$(0) E' \to E$$
$$(1) E \to aA$$
$$(2) E \to bB$$
$$(3) A \to cA$$
$$(4) A \to d$$
$$(5) B \to cB$$
$$(6) B \to d$$

文法的 LR(0) 分析表如表 4-10 所示。

表 4-10　例 4-13 文法的 LR(0) 分析表

状　态	动作(action)					转移(goto)		
	a	b	c	d	\$	E	A	B
0	s_2	s_3				1		
1					acc			
2			s_4	s_{10}			6	
3			s_5	s_{11}				7
4			s_4	s_{10}			8	
5			s_5	s_{11}				9
6	r_1	r_1	r_1	r_1	r_1			
7	r_2	r_2	r_2	r_2	r_2			
8	r_3	r_3	r_3	r_3	r_3			
9	r_5	r_5	r_5	r_5	r_5			
10	r_4	r_4	r_4	r_4	r_4			
11	r_6	r_6	r_6	r_6	r_6			

4.3.4　构造 SLR(1)分析表

前面介绍的 LR(0) 文法是一类非常简单的文法。这种文法的识别活前缀的有限自动机的每个状态都不含冲突性的项目。但是，程序设计语言中即便是算术表达式这样的简单文法也不是 LR(0) 的。所以在这里要介绍一种可以向前看一个输入符号的简单的 LR 方法，简称 SLR(1)方法。

如果一个 LR(0) 规范族中含有如下的一个项目集(状态)$I=\{X \to \alpha \cdot b\beta, A \to \alpha \cdot, B \to \alpha \cdot \}$。其中第一个项目是移进项目，第二、三个项目都是归约项目。三个项目的动作不相同，产生冲突。第一个项目的动作是移进 b，第二个项目是要把 α 归约为 A，第三个项目则是要把 α 归约为 B。解决这个冲突可以采用一个办法，考查 A 和 B 的后继符号集合，即考查 FOLLOW(A) 和 FOLLOW(B)。如果 FOLLOW(A) 和 FOLLOW(B) 的交集为 ϕ，且不包含 b，那么当状态 I 面临任何输入符号 a 时，可以：

(1) 若 $a=b$，则移进；

(2) 若 $a \in \text{FOLLOW}(A)$，用产生式 $A \rightarrow \alpha$ 进行归约；

(3) 若 $a \in \text{FOLLOW}(B)$，用产生式 $B \rightarrow \alpha$ 进行归约；

(4) 此外，报错。

假设 LR(0) 规范族的一个项目集 $I = \{A_1 \rightarrow \alpha \cdot a_1\beta_1, A_2 \rightarrow \alpha \cdot a_2\beta_2, \cdots, A_m \rightarrow \alpha \cdot a_m\beta_m, B_1 \rightarrow \alpha \cdot, B_2 \rightarrow \alpha \cdot, \cdots, B_n \rightarrow \alpha \cdot\}$，如果集合 $\{a_1, \cdots, a_m\}$，$\text{FOLLOW}(B_1), \cdots, \text{FOLLOW}(B_n)$ 两两不相交 (不得有两个 FOLLOW 集合有 $)，则：

(1) 若 a 是某个 a_i, $i=1,2,\cdots,m$，则移进；

(2) 若 $a \in \text{FOLLOW}(B_i)$, $i=1,2,\cdots,n$，则用产生式 $B_i \rightarrow \alpha$ 进行归约；

(3) 此外，报错。

这种解决冲突性动作的方法叫作 SLR(1) **解决办法**。

构造 SLR(1) 分析表的过程大致分为两步。给定文法 G，首先把 G 拓广为 G'，对 G' 构造 LR(0) 项目集规范族 C 和识别活前缀的有限自动机 D。然后从 C 和 D 使用下面的算法构造分析表的动作函数 action 和转移函数 goto。这个算法需要知道每个非终结符 A 的 $\text{FOLLOW}(A)$ (见 4.2 节)。

SLR(1) 分析表构造算法如下。

(1) 构造 G' 的 LR(0) 项目集规范族 $C = \{I_0, I_1, \cdots, I_n\}$。

(2) 状态 i 从 I_i 构造。action 函数在状态 i 的值按如下方法确定。

① 如果 $[A \rightarrow \alpha \cdot a\beta]$ 在 I_i 中，并且 $\text{goto}(I_i, a) = I_j$，那么当 a 是终结符时，置 action[i, a] 为 s_j，其含义是把 a 和状态 j 移进栈。

② 如果 $[A \rightarrow \alpha \cdot]$ 在 I_i 中，那么对 $\text{FOLLOW}(A)$ 中的所有 a，置 action[i, a] 为 r_j，j 是产生式 $A \rightarrow \alpha$ 的编号。这个动作的意思是按产生式 $A \rightarrow \alpha$ 归约。这里，A 不是 S'。

③ 如果 $[S' \rightarrow S \cdot]$ 在 I_i 中，那么置 action[$i, $$]$ 为接受 acc。

如果由上面规则产生的动作有冲突，那么该文法就不是 SLR(1) 的。在这种情况下，这个算法不产生 SLR 分析器。

(3) 使用下面的规则构造 goto 函数在状态 i 的值：

对所有的非终结符 A，如果 $\text{goto}(I_i, A) = I_j$，那么 goto[$i, A$] = j。

(4) 不能由规则 (2) 和 (3) 定义的条目都置为 error。

(5) 分析器的初始状态是包含 $[S' \rightarrow \cdot S]$ 的项目集对应的状态。

上面算法得出的动作函数和转移函数组成的分析表叫作文法 G 的 SLR(1) **分析表**，使用 G 的 SLR(1) 分析表的 LR 分析器叫作 G 的 SLR(1) **分析器**，有 SLR(1) 分析表的文法叫作 SLR(1) 文法。通常省略 SLR 后面的 (1)，因为本章不讨论向前看两个或多个符号的分析器。

【**例 4-17**】 考虑拓广的表达式文法：

```
(0) E' → E
(1) E → E + T
(2) E → T
(3) T → T * F
(4) T → F
(5) F → (E)
(6) F → id
```

文法的 LR(0) 项目集规范族如下：

I_0: $E' \rightarrow \cdot E$
$E \rightarrow \cdot E + T$
$E \rightarrow \cdot T$
$T \rightarrow \cdot T * F$
$T \rightarrow \cdot F$
$F \rightarrow \cdot (E)$
$F \rightarrow \cdot \mathbf{id}$

I_1: $E' \rightarrow E \cdot$
$E \rightarrow E \cdot + T$

I_2: $E \rightarrow T \cdot$
$T \rightarrow T \cdot * F$

I_3: $T \rightarrow F \cdot$

I_4: $F \rightarrow (\cdot E)$
$E \rightarrow \cdot E + T$
$E \rightarrow \cdot T$
$T \rightarrow \cdot T * F$
$T \rightarrow \cdot F$
$F \rightarrow \cdot (E)$
$F \rightarrow \cdot \mathbf{id}$

I_5: $F \rightarrow \mathbf{id} \cdot$

I_6: $E \rightarrow E + \cdot T$
$T \rightarrow \cdot T * F$
$T \rightarrow \cdot F$
$F \rightarrow \cdot (E)$
$F \rightarrow \cdot \mathbf{id}$

I_7: $T \rightarrow T * \cdot F$
$F \rightarrow \cdot (E)$
$F \rightarrow \cdot \mathbf{id}$

I_8: $F \rightarrow (E \cdot)$
$E \rightarrow E \cdot + T$

I_9: $E \rightarrow E + T \cdot$
$T \rightarrow T \cdot * F$

I_{10}: $T \rightarrow T * F \cdot$

I_{11}: $F \rightarrow (E) \cdot$

这些项目集的 goto 函数及与此相应的识别该文法活前缀的确定有限自动机 D 的转换图形式显示在图 4-3 中。

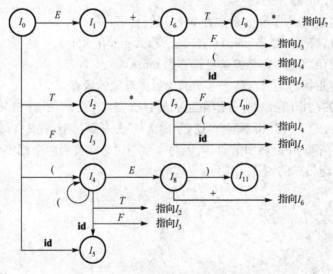

图 4-3 识别活前缀的 DFA D 的转换图

到此完成了构造 SLR 分析表的第一步，即根据文法构造识别活前缀的确定有限自动机。现在进行第二步，根据识别活前缀的确定有限自动机构造 SLR 分析表的动作函数和转移函数。注意构造 SLR(1)分析表的算法不可能为任何文法都产生所有条目都唯一的分析表，但是它对许多程序设计语言的文法是成功的。

【例 4-18】 为例 4-17 中的文法构造 SLR 分析表，它的 LR(0) 项目集规范族已在例 4-17 给出。首先考虑项目集 I_0：

$$E' \rightarrow \cdot E$$
$$E \rightarrow \cdot E + T$$
$$E \rightarrow \cdot T$$
$$T \rightarrow \cdot T * F$$
$$T \rightarrow \cdot F$$
$$F \rightarrow \cdot (E)$$
$$F \rightarrow \cdot \textbf{id}$$

项目 $F \rightarrow \cdot (E)$ 使得 action[0, (] = s_4，项目 $F \rightarrow \cdot \textbf{id}$ 使得 action[0, $\textbf{id}$] = s_5。I_0 的其他项目不产生动作。再考虑项目集 I_1：

$$E' \rightarrow E \cdot$$
$$E \rightarrow E \cdot + T$$

第一个项目使得 action[1, $\$$] = acc，第二个项目使得 action[1, +] = s_6。再考虑 I_2：

$$E \rightarrow T \cdot$$
$$T \rightarrow T \cdot * F$$

因为 FOLLOW(E) = {$\$$, +,)}，因此第一项使得 action[2, $\$$] = action[2, +] = action[2,)] = r_2 ($E \rightarrow T$ 的序号为 2)。第二项使得 action[2, *] = s_7。依此类推，继续下去可得到表 4-8 的动作表和转移表。

每个 SLR(1)文法都不是二义的，但是有很多非二义的文法，包括一些程序设计语言结构，都不是 SLR(1)的，这说明 SLR(1)文法的描述能力有限。

【例 4-19】 考虑下面的文法：

$$S \rightarrow V = E$$
$$S \rightarrow E$$
$$V \rightarrow * E$$
$$V \rightarrow \textbf{id}$$
$$E \rightarrow V$$

可以把 V 和 E 想象成分别代表左值和右值，左值表示一个存储单元，右值是一个可存储的值。*表示"取单元内容"的算符。例 4-19 中的文法的 LR(0) 项目集规范族如下。

I_0:	$S' \rightarrow \cdot S$	I_5:	$V \rightarrow \textbf{id} \cdot$
	$S \rightarrow \cdot V = E$		
	$S \rightarrow \cdot E$	I_6:	$S \rightarrow V = \cdot E$
	$V \rightarrow \cdot * E$		$E \rightarrow \cdot V$
	$V \rightarrow \cdot \textbf{id}$		$V \rightarrow \cdot * E$
	$E \rightarrow \cdot V$		$V \rightarrow \cdot \textbf{id}$

I_1:　$S'{\rightarrow}S\cdot$　　　　　　　　　　　　　I_7:　$V{\rightarrow}*E\cdot$

I_2:　$S{\rightarrow}V\cdot=E$　　　　　　　　　　　I_8:　$E{\rightarrow}V\cdot$

　　　$E{\rightarrow}V\cdot$

　　　　　　　　　　　　　　　　　　　　I_9:　$S{\rightarrow}V=E\cdot$

I_3:　$S{\rightarrow}E\cdot$

I_4:　$V{\rightarrow}*\cdot E$

　　　$E{\rightarrow}\cdot V$

　　　$V{\rightarrow}\cdot *E$

　　　$V{\rightarrow}\cdot \mathbf{id}$

　　考察项目集 I_2，集合的第一项目使得条目 action[2, =]是 s_6。因为 FOLLOW(E)包含=(因为 $S \Rightarrow V = E \Rightarrow *E = E$)。第二项目使得 action[2, =]为按 $E{\rightarrow}V$ 归约。这样，同一条目 action[2, =]有多重定义，因为既有移进条目又有归约条目在其中，状态 2 在输入符号是 "="时有移进-归约冲突。

　　例 4-19 中的文法不是二义的。移进-归约冲突的出现说明了 SLR 分析法未能包含足够的"展望"信息，以便状态 2 面临 "="时能决定移进还是归约。

4.3.5　构造规范的 LR 分析表

　　现在介绍从文法构造规范 LR 分析表的方法。回顾前面讲的 SLR 方法，如果 I_i 包含项目 $[A{\rightarrow}\alpha\cdot]$ 且 a 在 FOLLOW(A)中，那么状态 i 要求面临 a 时按 $A{\rightarrow}\alpha$ 归约。但是在有些场合下，当状态 i 出现在栈顶、活前缀 $\beta\alpha$ 在栈中并且 a 是当前输入符号时，用 $A{\rightarrow}\alpha$ 来归约却是不合适的，因为在右句型中，a 不可能跟随在 βA 的后面。

　　【例 4-20】　再看例 4-19。在状态 2 有项目 $E{\rightarrow}V\cdot$，它对应上面的 $A{\rightarrow}\alpha\cdot$，"="对应上面的 a，它在 FOLLOW(E)中。于是 SLR 分析器在状态 2 且面临输入 "="时，要求按 $E{\rightarrow}V$ 归约。但是项目 $S{\rightarrow}V\cdot =E$ 也在状态 2 中，因此分析器在状态 2 且面临 "="时也要求移进。然而例 4-19 的文法不存在以 $E=\cdots$ 开始的右句型，因此，分析器此时不应该把 V 归约成 E。

　　让状态含有更多的信息，使之能够剔除上述那些无效归约是完全可能的。可以设想，必要时，对状态进一步细分，使得 LR 分析器的每个状态能够确切地指出，当 α 后面跟哪些终结符时才容许把 α 归约为 A。

　　重新定义项目，使之包含一个终结符作为第二个成分，这样就把更多的信息并入了状态。项目的一般形式也就成了 $[A{\rightarrow}\alpha\cdot\beta, a]$，其中 $A{\rightarrow}\alpha\beta$ 是产生式，a 是终结符号或$，这种项目叫作 **LR(1) 项目**，1 是第二个成分的长度，这个成分叫作项目的**搜索符**。搜索符对 β 非空的项目 $[A{\rightarrow}\alpha\cdot\beta, a]$ 是不起作用的，但对形式为 $[A{\rightarrow}\alpha\cdot, a]$ 的项目，它表示只有在下一个输入符号是 a 时，才能要求按 $A{\rightarrow}\alpha$ 归约。这样，分析器只有在输入符号是 a 时才按 $A{\rightarrow}\alpha$ 归约，其中 $[A{\rightarrow}\alpha\cdot, a]$ 在栈顶状态的 LR(1) 项目集中。这样的 a 的集合是 FOLLOW(A)的子集，完全可能是真子集。

　　LR(1) 项目 $[A{\rightarrow}\alpha\cdot\beta, a]$ 对活前缀 γ 是**有效的**，如果存在着推导 $S\Rightarrow^*_{rm}\delta Aw\Rightarrow_{rm}\delta\alpha\beta w$，其中：

　　(1) $\gamma=\delta\alpha$；

　　(2) a 是 w 的第一个符号，或者 w 是 ε 且 a 是$。

【例 4-21】 考虑文法：

$S \rightarrow BB$
$B \rightarrow bB \mid a$

它有一个最右推导 $S \Rightarrow^*_{rm} bbBba \Rightarrow_{rm} bbbBba$。可以看到，项目$[B \rightarrow b \cdot B, b]$对活前缀$\gamma = bbb$ 是有效的。根据上面的定义，只须令$\delta = bb$，$A = B$，$w = ba$，$\alpha = b$ 且 $\beta = B$ 即可。

再看该文法的另一个最右推导 $S \Rightarrow^*_{rm} BbB \Rightarrow_{rm} BbbB$，可以看出项目$[B \rightarrow b \cdot B, \$]$对活前缀 Bbb 是有效的。

构造 LR(1)项目集规范族的方法本质上和构造 LR(0)项目集规范族的方法是一样的，只需要修改 closure 函数和 goto 函数。

为了懂得 closure 运算的新定义，考虑对活前缀γ有效的项目集中的项目$[A \rightarrow \alpha \cdot B\beta, a]$。该文法必定存在一个最右推导 $S \Rightarrow^*_{rm} \delta Aax \Rightarrow_{rm} \delta \alpha B\beta ax$，其中$\gamma = \delta \alpha$。假定$\beta ax$推出终结符串$by$，那么对每个形式为$B \rightarrow \eta$的产生式，有推导 $S \Rightarrow^*_{rm} \gamma Bby \Rightarrow_{rm} \gamma \eta by$，于是$[B \rightarrow \cdot \eta, b]$对$\gamma$有效。注意，$b$ 可能是从β推出的第一个终结符，或者在推导$\beta ax \Rightarrow^* by$ 中，β推出ε，b 就成了 a，总结这两种可能性，可以说 b 是 FIRST(βax)中的任何终结符。注意x不可能含by的第一个终结符，所以 FIRST(βax)= FIRST(βa)。现在给出 LR(1)项目集的构造算法。

构造文法 G'的 LR(1)项目集方法如下。

```
void closure(I)
{
    do
        for(I 的每个项目[A→α·Bβ, a]，G'中的每个产生式 B→γ
            和 FIRST(βα)的每个终结符 b，如果[ B→·γ, b]不在 I 中)
            把[ B→·γ, b]加到 I；
    while(还有项目可加到 I)；
    return I；
}


void goto(I, X)
{
    令 J 是项目[A→αX·β, a]的集合，条件是[A→α·Xβ, a]在 I 中；
    return closure(J)；
}


void itmes(G')
{
    C = closure({S' →·S, $})；
    do
        for(C 的每个项目集 I 和每个文法符号 X，若 goto(I, X)非空且不在 C 中)
            把 goto(I, X)加入 C 中；
    while(还有项目集可以加入 C 中)；
}
```

【例 4-22】　拓广文法：

$$S' \rightarrow S$$
$$S \rightarrow BB$$
$$B \rightarrow bB \mid a$$

的 LR(1)项目集规范族见图 4-4，goto 函数已在图中给出。另外，$[B \rightarrow \cdot bB, b/a]$ 是两个项目 $[B \rightarrow \cdot bB, b]$ 和 $[B \rightarrow \cdot bB, a]$ 的缩写。

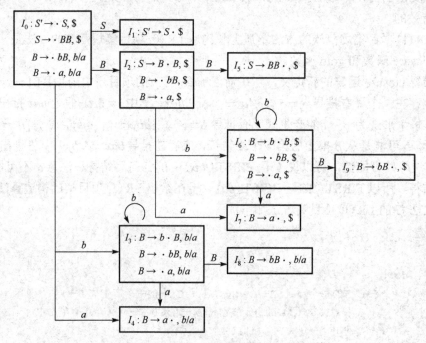

图 4-4　例 4-22 中文法的状态转移图

构造规范的 LR 分析表的方法如下。

(1)构造 G' 的 LR(1)项目集规范族 $C = \{I_0, I_1, \cdots, I_n\}$。

(2)从 I_i 构造分析器的状态 i，action 函数在状态 i 的值确定如下。

① 如果 $[A \rightarrow \alpha \cdot a\beta, b]$ 在 I_i 中，且 goto$(I_i, a) = I_j$，那么置 action$[i, a]$ 为 s_j，这里，a 一定是终结符。

② 如果 $[A \rightarrow \alpha \cdot, a]$ 在 I_i 中，且 $A \neq S'$，那么置 action$[i, a]$ 为 r_j，j 是产生式 $A \rightarrow \alpha$ 的序号。

③ 如果 $[S' \rightarrow S \cdot, \$]$ 在 I_i 中，那么置 action$[i, \$] = $ acc。

如果用上面的规则构造出现了冲突，那么文法就不是 LR(1)文法。算法对此文法失败。

(3)goto 函数在状态 i 的值按如下方法确定：

如果 goto$(I_i, A) = I_j$，那么 goto$[i, A] = j$。

(4)用规则(2)和(3)未能定义的所有条目都置为 error。

(5)分析器的初始状态是包含 $[S' \rightarrow \cdot S, \$]$ 的项目集对应的状态。

用上面的算法产生的动作函数和转移函数构成的表叫作规范的 LR(1)分析表，使用这种表的 LR 分析器叫作规范的 LR(1)分析器。如果动作函数没有多重定义的条目，那么这个文法叫作 LR(1)文法。和前面一样，如果不会引起误解，可省略"(1)"。

【例 4-23】 例 4-22 中文法的规范 LR 分析表见表 4-11，产生式 1，2 和 3 分别是 $S \to BB$，$B \to bB$ 和 $B \to a$。

表 4-11 例 4-22 文法的规范 LR 分析表

状　　态	动作(action)			转移(goto)	
	a	b	$	S	B
0	s_4	s_3		1	2
1			acc		
2	s_7	s_6			5
3	s_4	s_3			8
4	r_3	r_3			
5			r_1		
6	s_7	s_6			9
7			r_3		
8	r_2	r_2			
9			r_2		

所有的 SLR(1) 文法都是 LR(1) 文法，但对于 SLR(1) 文法，规范的 LR 分析器可能比同一文法的 SLR 分析器有更多的状态。例 4-23 中的文法是 SLR 文法，它的 SLR 分析器只有七个状态，而图 4-4 有十个状态。

对于例 4-19，当构造它的规范 LR(1) 分析表时，可以看到不存在任何冲突。

4.3.6 构造 LALR 分析表

本小节介绍最后一种分析器的构造方法，即 LALR(LookAhead LR)技术。实际上编译器经常使用这种方法，因为由它产生的分析表比规范 LR 的分析表要小得多，而对大多数一般的程序设计语言来说，其语法结构都能方便地由 LALR 文法表示。同样的结论对 SLR 文法几乎也是对的，但是有少数结构不能方便地由 SLR 技术处理(例 4-19 便是一个例子)。

就分析器的大小而言，SLR 和 LALR 的分析表对同一个文法有同样多的状态，而规范 LR 分析表要大得多。例如，对 Pascal 这样的语言，SLR 和 LALR 的分析表有几百个状态，而规范 LR 分析表有几千个状态。所以，使用 SLR 和 LALR 的分析表比使用规范 LR 分析表要经济得多。

再次考虑例 4-22 中的文法，它的 LR(1) 项目集见图 4-4。取一对看起来类似的状态，如 I_4 和 I_7，它们都只有一个项目，并且第一成分都是 $B \to a \cdot$，I_4 的搜索符是 b 或 d，I_7 的搜索符是 $。

来看一下分析器中 I_4 和 I_7 的不同作用。注意，例 4-22 中文法产生的是正规集 $b*ab*a$。当读输入 $bb\cdots babb\cdots ba$ 时，分析器把第一组 b 和它后面的 a 移进栈，进入状态 4。随后，如果下一个输入符号是 b 或 a，分析器按产生式 $B \to a$ 归约，因为 b 或 a 属于第 2 个 $b*a$ 的开始符号。如果下一个输入符号是 $，那么整个输入实际是 $bb\cdots ba$ 的形式，它不属于这个语言，这时状态 4 能正确地指出错误。

在读过第二个 a 后，分析器进入状态 7。这时分析器必须看见输入结束标记 $，否则输入串就不是 $b*ab*a$ 的形式。所以，合乎道理的方法是，面临 $ 时，状态 7 应按 $B \to a$ 归约，面临 b 或 a 时报告错误。

　　现在，把状态 I_4 和 I_7 合并为 I_{47}，并把它们的搜索符合起来，成为[$B \to a \cdot$, $b/a/\$$]。从 I_0，I_2，I_3 和 I_6 到达 I_4 或 I_7 的 a 转移现在都进入 I_{47}，状态 I_{47} 的动作是不管面临任何符号都归约。修改后的分析器的行为本质上和原来的一样，但它会把某些情况下的 a 归约成 B，如输入是 bba 或 $babab$ 时，而原来的分析器对这些情况是报错的。值得庆幸的是，这些错误最终还是会被抓住，而且是在移进下一个输入符号前被抓住。

　　更一般地说，寻找同心的 LR(1) 项目集，即略去搜索符后它们是相同的集合，并把这些同心集合并成一个项目集。例如在图 4-8 中，I_4 和 I_7、I_3 和 I_6 及 I_8 和 I_9 分别是同心的项目集。注意，一般而言，一个心是对应文法的一个 LR(0) 项目集，另外，LR(1) 文法可能会使多个项目集同心。

　　因为 goto(I, X) 的心仅依赖于 I 的心，被合并集合的 goto 函数的结果集合也可以合并，所以项目集合并时带来的 goto 函数修改不会引起问题。动作函数应做相应的修改，使得它能够反映合并前所有项目集的非出错动作。

　　对 LR(1) 文法，如果把所有的同心集合并，则有可能导致冲突。但是这种冲突不会是移进-归约冲突。因为，如果存在这种冲突，则意味着，面对当前的输入符号 a，有一项目[$A \to \alpha \cdot$, a]要求采取归约动作，同时又有另一项目[$B \to \beta \cdot a\gamma$, b]要求把 a 移进。这两个项目既然同处于合并之后的项目集中，则意味着在合并前必有某个 c 使得[$A \to a \cdot$, a]和[$B \to \beta \cdot a\gamma$, c]同处于合并前的某一集合中。然而，这又意味着，原来的 LR(1) 项目集已经存在着移进-归约冲突，因此文法不是 LR(1) 的。同心集的合并不会引起新的移进-归约冲突。

　　但是，同心集的合并有可能产生新的归约-归约冲突。

　　下面给出构造 LALR 分析表的算法，其基本思想是，首先构造 LR(1) 项目集规范族，如果它不存在冲突，则把同心集合并在一起，再按合并后的项目集构造分析表。这个方法可以作为描述 LALR(1) 文法的基本定义。在实际使用中，由于构造完整的 LR(1) 项目集规范族需要很多的空间和时间，因而需要另找算法。

　　构造 LALR 分析表方法如下。

　　(1) 构造 LR(1) 项目集规范族 $C = \{I_0, I_1, \cdots, I_n\}$。

　　(2) 寻找 LR(1) 项目集规范族中同心的项目集，用它们的并集代替它们。

　　(3) 令 $C' = \{J_0, J_1, \cdots, J_m\}$ 是合并后的 LR(1) 项目集族。action 函数在状态 i 的值以和构造规范的 LR 分析表算法同样的方式从 J_i 构造。如果出现分析动作的冲突，则算法不能产生分析表，该文法不是 LALR(1) 的。

　　(4) goto 函数在状态 i 的值按如下方法确定：如果 J_i 是若干个 LR(1) 项目集的并，即 $J_i = I_1 \cup I_2 \cup \cdots \cup I_m$，那么 goto$(I_1, X)$，goto$(I_2, X)$，$\cdots$，goto$(I_m, X)$ 也同心，因为 $I_1, I_2, \cdots, I_m$ 都同心。记 J_k 为所有和 goto(I_1, X) 同心的项目集的并，那么，goto$(i, X) = k$。

　　由上面算法产生的表叫作 G 的 LALR 分析表。如果没有分析动作的冲突，那么该文法叫作 LALR(1) 文法。在第 (3) 步构造的项目集族叫作 LALR(1) **项目集族**。

　　【**例 4-24**】 再次考虑例 4-22 中的文法，它的转移图见图 4-4。正如已提到的那样，有三对项目集可以合并，I_3 和 I_6 合并如下。

```
I₃₆:  B→ b·B, b/a/$
      B→·bB, b/a /$
      B→·a, b/a /$
```

I_4 和 I_7 合并如下。

I_{47}: $B \rightarrow a \cdot$, b/a /$

I_8 和 I_9 合并如下。

I_{89}: $B \rightarrow bB \cdot$, b/a/$

压缩项目集后的 LALR 动作函数和移转函数如表 4-12 所示。

表 4-12 例 4-22 中文法的 LALR 分析表

状　态	动作 (action)			转移 (goto)	
	a	b	$	S	B
0	s_{47}	s_{36}		1	2
1			acc		
2	s_{47}	s_{36}			5
36	s_{47}	s_{36}			89
47	r_3	r_3	r_3		
5			r_1		
89	r_2	r_2	r_2		

4.3.7　二义文法的应用

任何二义文法都不是 LR 文法，因而不属于 4.3.4 节所讨论的任何一类文法，这是一条定理。但是，某些二义文法对说明和实现语言是有用的。像表达式这样的语言结构，二义文法提供的说明比任何其他非二义文法提供的都要简短些，也更自然。另外，为了便于对一些特殊情况进行优化，需要在文法中增加特殊情况产生式，以便把它们从一般结构中分离出来，这种产生式的加入会使文法二义，这是二义文法的另一应用。

必须强调，虽然使用的文法是二义的，但若在所有情况下都说明了消除二义的一些规则，以保证每个句子正好只有一棵语法树，那么整个语言的说明仍然是无二义的。

1．使用文法以外的信息来解决分析动作的冲突

考虑程序设计语言的表达式。下面有算符+和*的算术表达式文法是二义的，因为它没有指出算符+和*的结合性和优先级。

文法(1)：

$E \rightarrow E + E | E * E | (E) | \mathbf{id}$

无二义的文法(2)：

$E \rightarrow E + T | T$
$T \rightarrow T * F | F$
$F \rightarrow (E) | \mathbf{id}$

产生同样的语言，但给+以较低的优先级，并让两个算符都是左结合的。有两点理由说明可能使用文法(1)而不是文法(2)。首先，可以方便地改变算符+和*的结合性和优先级而无须修改文法(1)，也不会改变分析器的状态数。其次，文法(2)的分析器要花一部分时间来完

成产生式 $E \to T$ 和 $T \to F$ 的归约，而文法(1)的分析器不会消耗时间在归约这样的**单非产生式**（右部只有一个非终结符产生式）上。

文法(1)用 $E' \to E$ 拓广后的 LR(0) 项目集如下。

I_0: $E' \to \cdot E$ I_5: $E \to E * \cdot E$
        $E \to \cdot E + E$ $E \to \cdot E + E$
        $E \to \cdot E * E$ $E \to \cdot E * E$
        $E \to \cdot (E)$ $F \to \cdot (E)$
        $E \to \cdot \textbf{id}$ $F \to \cdot \textbf{id}$

I_1: $E' \to E \cdot$ I_6: $E \to (E \cdot)$
        $E \to E \cdot + E$ $E \to E \cdot + E$
        $E \to E \cdot * E$ $E \to E \cdot * E$

I_2: $E' \to (\cdot E)$ I_7: $E \to E + E \cdot$
        $E \to \cdot E + E$ $E \to E \cdot + E$
        $E \to \cdot E * E$ $E \to E \cdot * E$
        $E \to \cdot (E)$
        $E \to \cdot \textbf{id}$ I_8: $E \to E * E \cdot$
                                    $E \to E \cdot + E$

I_3: $E \to \textbf{id} \cdot$ $E \to E \cdot * E$

I_4: $E \to E + \cdot E$ I_9: $E \to (E) \cdot$
        $E \to \cdot E + E$
        $E \to \cdot E * E$
        $E \to \cdot (E)$
        $E \to \cdot \textbf{id}$

因为文法(1)二义，因此从这些项目集产生 LR 分析表时，肯定会出现分析动作的冲突，冲突出现在项目集 I_7 和 I_8 对应的状态。假如用 SLR 方法来构造动作表，I_7 产生的冲突在 $E \to E + E$ 引起的归约与面临+和*的移进之间，因为+和*都在 FOLLOW(E) 中。I_8 产生的冲突在 $E \to E * E$ 引起归约与面临+和*的移进之间。事实上，用任何一种 LR 分析表的构造方法都会产生这些冲突。

这些冲突可以用有关+和*的优先级和结合性的信息来解决。考虑输入 **id** + **id** * **id**，基于上述拓广后的 LR(0) 项目集的分析器在处理 **id** + **id** 后进入状态 7，形成如下格局：

    栈   输入

$0 E 1 + 4 E 7$ * **id**\$

如果*的优先级高于+，分析器应把*移进栈，准备将*和它两侧的 **id** 归约到一个表达式。这正是该语言的 SLR 分析器要做的。另外，如果+的优先级高于*，那么分析器应该归约。这样，根据+和*的优先关系就可以解决状态 7 的 $E \to E + E$ 归约和面临*的移进之间的冲突。

如果输入是 **id** + **id** + **id**，分析器处理完 **id** + **id** 后达到的格局和上面的唯一区别是下一个输入符号是+而不是*。在状态 7 面临+时仍有移进-归约冲突，现在是根据算符+的结合性来解决冲突。如果+是左结合的，正确的动作是按 $E \to E + E$ 归约，即第一个+及其前后的 **id** 应看成一组。这个选择和例 4-17 中文法的 SLR 分析器的动作是一致的。

总之，假如+是左结合的，那么在状态 7 面临+时应该按 $E \to E+E$ 归约；如果*的优先级高于+，那么在状态 7 面临*时应该移进。可以类似地讨论状态 8，最后得出如下结果：如果*是左结合的且优先级高于+，那么无论面临的是+还是*，分析器在状态 8 的动作都按 $E \to E*E$ 归约。

按这种方式处理，得到表 4-13 所示的 LR 分析表，产生式(1)到产生式(4)分别是 $E \to E+E$，$E \to E*E$，$E \to (E)$ 和 $E \to id$。实际上，类似的动作表可以从表 4-8 的 SLR 表中删去文法(2)的单非产生式 $E \to T$ 和 $T \to F$ 的归约得到。

表 4-13 文法(1)的分析表

状　态	动　作						转　移
	id	+	*	(	)	$	E
0	s_3			s_2			1
1		s_4	s_5			acc	
2	s_3			s_2			6
3	r_4	r_4			r_4	r_4	
4	s_3			s_2			7
5	s_3			s_2			8
6		s_4	s_5		s_9		
7		r_1	s_5		r_1	r_1	
8		r_2	r_2		r_2	r_2	
9		r_3	r_3		r_3	r_3	

再考虑下面的条件语句文法：

```
stmt→ if expr then stmt else stmt
     |if expr then stmt
     |other
```

该文法是二义的，因为它没有解决悬空 else 的二义性。可以肯定，构造 LR 分析表时，会碰到移进-归约冲突，即，当 **if** expr **then** stmt 在栈顶，并且 **else** 是下一个输入符号时，究竟是将 **if** expr **then** stmt 归约还是将 **else** 移进。根据语言关于 else 的配对规则，可以知道，对于这种移进-归约冲突，忽略归约，采用移进，即优先移进的策略。

2. 特殊情况产生式引起的二义性

如果需要引入额外的产生式来表示由其余的产生式产生的语法结构的一种特殊情况，文法会因加入了这个额外的产生式而引起二义性，从而引起分析动作的冲突。先举一个这种文法的例子。

历史上，公式编排预处理器 EQN 中使用了特殊情况产生式，这是一个有趣的应用。在 EQN 中，描述数学表达式的文法用算符 sub 表示下角标并用算符 sup 表示上角标，这个文法的片断如下。花括号由预处理器来表示复合表达式，c 作为表示任意正文串的单词符号。

```
(1)E→E sub E sup E
(2)E→E sub E
(3)E→E sup E
(4)E→{E}
(5)E→c
```

　　该文法是二义的。该文法没有说明算符 **sub** 和 **sup** 的结合性和优先级。即使由它们引起的二义性解决了，如规定这两个算符的优先级相同并且都是右结合的，该文法仍然是二义的。这是因为产生式(1)分离出了由产生式(2)和(3)产生的表达式的一种特例，即形式为 E sub E sup E 的表达式。没有产生式(1)，该文法产生的语言是一样的。把这种形式的表达式处理为一种特殊情况的理由是，像 a sub i sup 2 这样的表达式应该排版成 a_i^2，而不是 a_i^2 或 a_{i^2} 的形式。只有加上特殊情况产生式后，EQN 才能够产生这样特殊的输出。

　　如果构造该文法的 LR 分析表，就会发现，存在移进-归约冲突和归约-归约冲突。其中移进-归约冲突可以根据 **sub** 和 **sup** 这两个算符的优先级和结合性来解决。归约-归约冲突在产生式

$$E \to E \text{ sub } E \text{ sup } E$$
$$E \to E \text{ sup } E$$

之间。即当 E sub E sup E 出现在栈顶时，是按前一个产生式，将 E sub E sup E 归约；还是按后一个产生式，将 E sup E 归约。显然，应该优先特殊情况产生式，即按前一个产生式归约。这样，和该特殊情况产生式相关联的语义动作可以用更专门的措施来产生这样特定的输出。

　　写一个分离特殊情况语法结构的无二义文法是非常困难的。为了体会这是何等的困难，请读者为该文法构造等价的无二义文法，它分离形式为 E sub E sup E 的表达式。

3. LR 分析的错误恢复

　　LR 分析器在访问动作表时若遇到出错条目，那么它就发现了错误。但是在访问转移表时它不会遇到出错条目。只要已扫描的输入出现一个不正确的后继，LR 分析器便立即报告错误，不会把不正确的后继移进栈。但 SLR 在报告错误之前有可能执行几步无效归约。

　　在 LR 分析中，可以按如下方法实现紧急方式的错误恢复：从栈顶开始退栈，直至出现状态 s，它有预先确定的非终结符 A 的转移；然后抛弃若干个(可以是零个)输入符号，直至找到符号 a，它能合法地跟随 A；分析器再把 A 和状态 goto$[s, A]$压进栈，恢复正常分析。A 的选择可能不唯一，一般来说 A 应是代表较大程序结构的非终结符，如表达式、语句或程序块。例如，若 A 是非终结符 stmt，那么 a 可以是分号或 end。

　　这种错误恢复方法的实质是试图分离含错的语法短语。分析器认为由 A 推出的串含有一个错误，该串的一部分已经处理，这个处理的结果是若干状态已加到栈顶。这个串的其余部分仍在剩余输入中。分析器试图跳过这个串的其余部分，在剩余输入中找到一个符号，它能合法地跟随 A。通过从栈中移出一些状态，跳过若干输入符号，把 goto$[s, A]$推进栈，分析器装扮成已发现了 A 的一个实例，并恢复正常分析。

　　错误恢复的另一种方式叫作**短语级恢复**。当发现错误时，分析器对剩余输入进行局部纠正，它用可以使分析器继续分析的串来代替剩余输入的前缀。典型的局部纠正是用分号代替逗号、删除多余的分号或插入遗漏的分号等。编译器的设计者必须仔细选择替换的串，以免引起死循环。死循环是可能的，如总是在当前输入符号的前面插入内容。

　　这种替换可以纠正任何输入串，它的主要缺点是很难应付实际错误出现在诊断点之前的情况。

　　对 LR 分析来说，短语级恢复的实现由考察 LR 分析表的每一个错误条目并根据语言的使用情况，决定最可能进入该条目的输入错误，然后为该条目编一个适当的错误恢复过程。

可以在分析表的动作表的每个空白条目填上一个指示器，它指向编译器设计者为之设计的错误处理例程。该例程的动作包括在输入中插入、删除或改变输入符号等。要注意，所做的选择不应引起 LR 分析器进入无限循环。保证至少有一输入符号被删除或最终被移进，在到达输入的末尾时保证栈最终会缩短的策略是足以预防这个问题的。

【例 4-25】　考虑表达式文法：

$$E \rightarrow E + E | E * E | (E) | \mathbf{id}$$

表 4-14 给出了这个文法的 LR 分析表，它在表 4-13 的基础上加了错误诊断和恢复。这里把某些错误条目改成了归约。这样修改会推迟错误的发现，多执行了一步或几步归约，但错误仍在移进下一个符号前被捕获。表 4-14 的其余空白条目已经改成了调用错误处理例程。

错误处理例程如下。

e1: /* 分析器处于状态 0，2，4 或 5 时，要求输入符号为运算对象首字符，即 **id** 或左括号。若遇到的是+,*或 $，调用此例程。*/

表 4-14　有错误处理例程的 LR 分析表

状　态	动　　作						转　移
	id	+	*	(	)	$	E
0	s_3	e_1	e_1	s_2	e_2	e_1	1
1	e_3	s_4	s_5	e_3	e_2	acc	
2	s_3	e_1	e_1	s_2	e_2	e_1	6
3	r_4	r_4	r_4	r_4	r_4	r_4	
4	s_3	e_1	e_1	s_2	e_2	e_1	7
5	s_3	e_1	e_1	s_2	e_2	e_1	8
6	e_3	s_4	s_5	e_3	s_9	e_4	
7	r_1	r_1	s_5	r_1	r_1	r_1	
8	r_2	r_2	r_2	r_2	r_2	r_2	
9	r_3	r_3	r_3	r_3	r_3	r_3	

把一个假想的 **id** 压进栈，上面盖上状态 3（状态 0，2，4 和 5 面临 **id** 时的转移）。给出诊断信息"缺少运算对象"。

e2: /* 分析器处于状态 0，1，2，4 或 5，遇到右括号时调用此例程。*/

删除输入右括号。给出诊断信息"不配对的右括号"。

e3: /* 分析器处于状态 1 或 6，期望运算符，但遇到的是 **id** 或左括号时，调用此例程。*/

把+压进栈，盖上状态 4。给出诊断信息"缺少算符"。

e4: /* 分析器处于状态 6，期望运算符或右括号，但遇到的是$时，调用此例程。*/

把右括号压入栈，盖上状态 9。给出诊断信息"缺少右括号"。

读者可以以一个有语法错误的简短表达式为例，体会该错误恢复方法的效果。

4.4　语法分析程序的自动生成工具 YACC

本节说明如何用分析器的生成器来帮助构造编译器的前端。YACC 是 20 世纪 70 年代初

期分析器的生成器盛行时的产物，它已经被用来帮助实现了几百个编译器，现在它仍然是
UNIX 系统下的一个好工具。

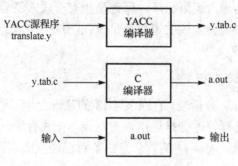

图 4-5 YACC 建立翻译器

YACC（Yet Another Compiler Compiler）是 UNIX/Linux 上一个用来生成编译器的编译器
（编译器代码生成器）。YACC 生成的编译器主要是用 C 语言写成的语法解析器（Parser），需
要与词法解析器 Lex 一起使用，再把两部分产生出的 C 程序一并编译。YACC 本来只在 UNIX
系统上才有，但现时已普遍移植到 Windows 及其他平台。一个翻译器可用 YACC 按图 4-5 表
示的方式构造出来。首先，用 YACC 语言将翻译器的说明建立于一个文件（如 translate.y）中。
UNIX 系统的命令

```
yacc translate.y
```

把文件 translate.y 翻译为 C 语言文件，叫作 y.tab.c，它使用的是 LALR 方法（向前看 LR 方法）。
程序 y.tab.c 包含用 C 写的 LALR 分析器和其他用户准备的 C 语言例程。为了使 LALR 分析
表少占空间，用紧凑技术来压缩分析表的大小。

然后再用命令

```
cc y.tab.c -ly
```

编译 y.tab.c，其中的选择项 ly 表示使用 LR 分析器的库（名字 ly 随系统而定），编译的结果是
目标程序 a.out，该目标程序能完成上面的 YACC 程序指定的翻译。如果还需要其他过程，它
们可以和 y.tab.c 一起编译或装载，和使用 C 程序一样。

YACC 源程序由三部分组成：声明、翻译规则、辅助过程。

【例 4-26】 以构造一个简单的台式计算器为例，说明怎样准备 YACC 源程序。该台式计
算器读一个算术表达式，计算并打印它的值。构造该台式计算器需要从下面算术表达式的文
法开始：

$$E \to E + T \mid T$$
$$T \to T * F \mid F$$
$$F \to (E) \mid \textbf{digit}$$

单词符号 **digit** 是 0～9 之间的单个数字。基于这个文法的 YACC 台式计算器程序如下。

```
%{
#include <ctype.h>
%}
```

```
%token DIGIT
%%
line          : expr '\n'                   {printf("%d\n", $1);}
              ;
expr          : expr '+' term               {$$ = $1 + $3;}
              |term
              ;
term          : term '*' factor        {$$ = $1 * $3;}
              |factor
              ;
factor        : '(' expr ')'                {$$ = $2;}
              |DIGIT
              ;
%%
yylex(){
int c;
c = getchar();
if(isdigit(c){
yylval = c - '0';
return DIGIT;
}
return c;
}
```

　　YACC 程序的声明部分有可选择的两节。第一节处于分界符%{和%}之间，它是一些普通的 C 语言的声明，这里声明的常量和变量等由第二部分和第三部分的翻译规则或过程使用。本程序中这一节只有一个包含语句。

```
# include <ctype.h>
```

　　因为这个文件含有谓词 isdigit。

　　声明部分的第二节是文法终结符(即单词符号)的声明，本程序中的语句

```
%token DIGIT
```

　　声明 DIGIT 是单词符号。这一节声明的单词符号可用于 YACC 程序的第二部分和第三部分。

　　YACC 程序的第二部分位于第一个%%后面，放置翻译规则，每条规则由一个文法产生式和有关的语义动作组成。产生式集合

```
左部→选择 1|选择 2|…|选择 n
```

在 YACC 中写成

```
左部       :选择 1   {语义动作 1}
           |选择 2   {语义动作 2}
                    ⋮
           |选择 n   {语义动作 n}
           ;
```

　　在 YACC 产生式中，加单引号的字符 c 是由单个字符 c 组成的单词符号；没有引号的字

母数字串，若也没有声明为单词符号，则是非终结符。右部的各个选择之间用竖线隔开，最后一个右部的后面用分号，表示该产生式集合结束。第一个左部非终结符是开始符号。

YACC 的语义动作是 C 语句序列。在语义动作中，符号$$表示引用左部非终结符的属性值，而$$_i$表示引用右部第 i 个文法符号的属性值。每当归约一个产生式时，执行与之关联的语义动作，所以语义动作一般根据各$$_i$的值决定$$的值。在这个 YACC 说明中，两个 E 产生式：

$$E \to E + T \mid T$$

及和它们相关的语义动作写成

```
expr    : expr '+' term {$$ = $1 + $3;}
        |term
        ;
```

注意，在第一个产生式中，非终符 term 是右部的第三个文法符号，'+'是第二个文法符号。第一个产生式的语义动作是把右部 expr 的值和 term 的值相加，把结果赋给左部非终结符 expr，作为它的值。第二个产生式的语义动作描述省略，因为当右部只有一个文法符号时，语义动作默认就是表示值的复写，即它的语义动作是{$$=$1;}。

注意，这里加了一个新的开始产生式

```
line    : expr '\ n'        {printf("%d\ n", $1);}
```

到这个 YACC 程序。该产生式的意思是，这个台式计算器的输入是一个表达式后面跟一个换行字符。它的语义动作是打印表达式的十进制值并且换行。

YACC 程序的第三部分是一些 C 语言写的支持例程。名字为 yylex()的词法分析器必须提供（当然也可以用 Lex 来产生 yylex()），如果错误恢复例程需要，也可以加上其他过程。

词法分析器 yylex()返回二元组(单词种别码，内码值)。返回的单词类别(如 DIGIT)必须在 YACC 程序的第一部分声明。内码值必须通过 YACC 定义的变量 yylval 传给分析器。

例 4-26 中的词法分析器是非常粗糙的。它用 C 语言的函数 getchar()每次读一个输入字符，如果是数字字符，取它的值存入变量 yylval，返回单词符号 DIGIT，否则把字符本身作为单词符号返回。若输入中有非法字符，它会引起分析器宣布一个错误而停机。

4.5　实例语言编译程序的语法分析

Micro 语法分析的主要任务是检查程序是否有语法上的错误。语法分析的基础是词法分析，即语法分析器的输入是词法分析后所得的 Token 表。词法上的错误已由词法分析器完成，故下面介绍的语法分析器只需完成语法错误的检查。

```
procedure Parser( ):
begin   Match($begin,1); ...................begin
    Match($var,2); ........................var
LD: Match($id ,3); ..........................id
    Match($colon, 4); ......................:
    Match($int/$real , 5); ...............integer /real
    Match($semi , 6); ......................;
```

```
        ReadToken(token);
        if token=$line then ReadToken(token);..●读下一 Token
        if token =$var then goto LD; ........●若它是 var，则转 LD
LS: case token of .......................●语句部分(头单词被读)
        ($write, _ )⇒ { Match($LParen,7 ); Expr( ); Match($RParen ,8） };
        ($read, _ ) ⇒{ Match($LParen ,9); Match($id ,10);
                                    Match($RParen ,11) };
        ($id,_ ) ⇒ { Match($assig, 12 ); Expr( ) };
        other  ⇒ { Error(13) } .............●语句头单词错
        end ；
        ReadToken(token); ....................●读语句的后继符
        case token of
        ($semi,_)   ⇒ { ReadToken(token);
                if token=$line then ReadToken(token);
                goto LS }; .................●若是分号则转 LS
        ($line, _ ) ⇒ Match($end);
        ($end, _ )  ⇒ { ReadToken(token);
            if token=$stop then STOP else Error(14) }●程序结束符错
        other  ⇒ { Error(15) } ............●语句后继符错
        end
    end
```

上面是根据 Micro 语言的语法图写出的语法分析程序，其中标号 LD 表示变量声明列处理的开始，而标号 LS 则表示语句列处理的开始。语法图中的每个单词符号将产生对应的一条 Match 语句，如 Match($begin,1)，Match($id,3)，其中 1 和 3 表示语法错误编号。假设一个 Token 占一个单元，其中左半部是词法信息，右半部是语义信息。其中用到下面一些符号。

ReadToken(token)　　:把当前 Token 读到 token 中。

BackToken　　　　　:Token 指针回溯一步。

Match(kind,n)　　　:读当前 Token，并检查 Token.LH=kind?若不等则打出错误编号 n。
　　　　　　　　　　其中 Token.LH 表示 Token 的左半部。

token.LH　　　　　　:表示 Token 的左半部。

token.RH　　　　　　:表示 Token 的右半部。

下面是表达式的语法分析程序：

```
procedure Expr( );
begin
    LF: ReadToken(token); .............●读分量的头 Token
    case token of
        ($id ,_)  ⇒ skip; ..........●标识符情形
        ($intC,_) ⇒ skip; ............●整常数情形
        ($reaC,_) ⇒ skip; ..........●实常数情形
        $LParen   ⇒ begin Expr( ); Match($RParen, 16) end;●括号情形
        other ⇒ Error(17 ) .........●分量头有错
    end ;
    ReadToken(token); ................●读分量后继符
    case token of
```

```
            ($plus,_)  ⇒  goto LF;  ........●重复上述过程
            ($mult,_)  ⇒  goto LF;  ........●重复上述过程
            other  ⇒  BackToken ..........●结束(指针后退)
        end
    end
```

Micro 的表达式可分为下面两种情形：

```
<分量>
<分量> ω <分量> ω .............ω <分量>
```

其中的分量可以是一个变量名或整常数或实常数或(E)，而ω则表示运算符。显然分量的第一个单词 Token 可以是以下四种：

```
♠($id, name) .......................标识符
♠($intC, intConst)................整常数
♠($reaC, realConst)..............实常数
♠ $Lparen .......................左括号
```

表达式的语法分析过程是：首先处理一个分量，然后看其后继符是不是运算符，若是，则重复上述过程；否则表示遇到分量的后继符，而在 Micro 中可作为分量后继符的 Token 只有分号、右括号和 end 的 Token。

Micro 语言的具体语法错误可分为以下几类：

```
error  1   ........................................程序头不是 begin
error  2   ........................................变量声明头不是 var
error  3   ........................................var 后不是标识符
error  4   ........................................'var id'后不是':'
error  5   ........................................'var id :'后不是类型符
error  6   ........................................变量声明后不是';'
error  7   ........................................write 后不是'('
error  8   ........................................'write(E'后不是')'
error  9   ........................................read 后不是'('
error  10  ........................................'read('后不是 id
error  11  ........................................'read(id'后不是')'
error  12  ........................................赋值语句左部不是':='
error  13  ........................................语句头单词错
error  14  ........................................程序结束符错
error  15  ........................................语句后继符错
error  16  ........................................缺'(E)'中的闭括号
error  17  ........................................运算分量的后继符错
```

4.6 小 结

自底向上分析可分为**算符优先分析**和 **LR 分析**，它们的分析都是移进-归约过程，是自顶向下最右推导的逆过程。但 LR 分析是规范归约，算符优先分析不是规范归约。它们的区别在于识别可归约串的原则不同。LR 分析以规范句型的句柄为可归约串，算符优先分析以句型的最左素短语为可归约串，这样算符优先分析去掉了单非终结符的归约(即一个非终结符到另一个非终结符的归约)，因此，算符优先分析法比 LR 分析(规范归约)法的归约速度快。在 LR 分析的语法

分析器自动生成工具 YACC 中，对算数表达式的归约往往会用到算符优先关系的概念。

算符优先分析的缺点是对文法有一定的限制，在实际应用中往往只用于算数表达式的归约。由于算符优先分析不是规范归约，所以可能把不是文法的句子错误的归约成功。

LR 分析的特征是：

① 归约过程是规范的；

② 符号栈中的符号是规范句型的前缀，且不含句柄以后的任何符号(活前缀)；

③ 分析决策依据栈顶状态和现行输入符号是什么来决定；

④ 为构造 LR 分析表，可先构造识别活前缀和句柄的 DFA；

⑤ LR 分析器的关键部分是分析表的构造，对一个文法能判断是否是 LR 类文法，能构造相应的 LR 分析表，并能对给定的输入串进行分析以决定该输入串是否为所给文法的句子；

⑥ LR 类型文法是无二义的；

⑦ 某些二义性文法，人为地给出优先级和结合性的规定，可能构造出比相应非二义性文法更优越的 LR 分析器。

复习思考题

1. 选择题

(1) 对于无二义性的文法，规范归约是_____。

　　A. 最右推导的逆过程　　　　　　B. 最左推导的逆过程

　　C. 最左归约的逆过程　　　　　　D. 最右归约的逆过程

(2) 在规范归约中，用_____来刻画可归约串。

　　A. 直接短语　　　　　　　　　　B. 句柄

　　C. 最左素短语　　　　　　　　　D. 素短语

(3) 文法 $G[S]$：$S \to xSx|y$ 所识别的语言是_____。

　　A. xyx　　　　　　　　　　　　B. $(xyx)^*$

　　C. $x^n y x^n (n \geq 0)$　　　　　　D. $x^* y x^*$

(4) 设 a、b、c 是文法的终结符，且满足优先关系 $a \doteq b$ 和 $b \doteq c$，则_____。

　　A. 必有 $a \doteq c$　　　　　　　　B. 必有 $c \doteq a$

　　C. 必有 $b \doteq a$　　　　　　　　D. $A \sim C$ 都不一定成立

(5) 若 a 为终结符，则 $A \to \alpha \cdot a\beta$ 为_____项目。

　　A. 归约　　　　　　　　　　　　B. 移进

　　C. 接受　　　　　　　　　　　　D. 待约

(6) 一个句型中称为句柄的是该句型的最左_____。

　　A. 非终结符号　　　　　　　　　B. 短语

　　C. 素短语　　　　　　　　　　　D. 直接短语

(7) 已知文法：

$E \to T \mid E+T \mid E-T$
$T \to F \mid T*F \mid T/F$
$F \to (E) \mid i$

$E+T*F$ 是该文法的一个句型，该句型的直接短语是_____，句柄是_____。

2. 简答题

(1) 下面的条件语句文法

```
stmt→ if expr then stmt|matched_stmt
matched_stmt→ if expr then matched_stmt else stmt|other
```

试图消除悬空 else 的二义性，请证明该文法仍然是二义的。

(2) 为字母表 $\Sigma=\{a，b\}$ 上的下列每个语言设计一个文法，其中哪些语言是正规的？

(a) 每个 a 后面至少有一个 b 跟随的所有串。

(b) a 和 b 的个数相等的所有串。

(c) a 和 b 的个数不相等的所有串。

(d) 不含 abb 作为子串的所有串。

(e) 形式为 xy 且 $x\neq y$ 的所有串。

(3) 可以在文法产生式的右部使用类似正规式的算符。方括号可以用来表示产生式的可选部分。例如，可以用

```
stmt→if expr then stmt [else stmt]
```

表示 else 子句是可选的。通常，$A\rightarrow\alpha[\beta]\gamma$ 等价于两个产生式 $A\rightarrow\alpha\beta\gamma$ 和 $A\rightarrow\alpha\gamma$。

花括号用来表示短语可重复出现若干次(包括零次)，例如

```
stmt→ begin stmt {; stmt} end
```

表示处于 begin 和 end 之间的由分号分隔的语句表。通常，$A\rightarrow\alpha\{\beta\}\gamma$ 等价于 $A\rightarrow\alpha B\gamma$ 和 $B\rightarrow\beta B|\varepsilon$。

概念上，$[\beta]$ 代表正规式 $B|\varepsilon$，$\{\beta\}$ 代表 β^*，现在把它们推广为允许文法符号的任何正规式出现在产生式的右部。

(a) 修改上面的 stmt 产生式，使得每个语句都以分号终止的语句表出现在产生式右部。

(b) 给出上下文法无关的产生式，它和 $A\rightarrow B*a(C|D)$ 产生同样的串集。

(c) 说明如何用一组有限的上下文无关产生式来代替产生式 $A\rightarrow\gamma$，其中 γ 是正规式。

(4) 证明没有 ε 产生式的文法，只要每个非终结符的各个选择以不同的终结符开始，那么它就是 LL(1) 的。

(5) 回答以下三个问题。

(a) 用简答题第(1)小题的文法构造 $(a,(a,a))$ 的最右推导，说出每个右句型的句柄。

(b) 给出对应(a)的最右推导的移进-归约分析器的步骤。

(c) 对照(b)的移进-归约，给出自下而上构造语法树的步骤。

(6) 给出接受文法：

```
S→(L)|a            L→L, S|S
```

的活前缀的一个 DFA。

(7) 考虑文法：

```
S→AS|b
A→SA|a
```

(a)构造这个文法的 LR(0)项目集规范族。

(b)构造一个 NFA，它的状态是(a)的 LR(0)项目。证明根据这个 NFA 用子集法构造的 DFA 和该文法的 LR(0)项目集规范族的转移图是一致的。

(c)构造此文法的 SLR 分析表。

(d)给出针对输入 *bab* 的 SLR 分析器的动作。

(8)为第 3 章简答题第(7)小题的文法构造 SLR 分析器。

(9)考虑下面的文法：

$$E \rightarrow E + T \mid T$$
$$T \rightarrow T \ F \mid F$$
$$F \rightarrow F^* \mid a \mid b$$

为此文法构造 SLR 分析表。

3．操作题

(1)写一个 YACC 程序，它把输入的算术表达式翻译成对应的后缀表达式输出。

(2)写一个 YACC "台式计算器" 程序，它计算布尔表达式。

(3)写一个 YACC 程序，它取正规式作为输入，产生它的语法树作为输出。

第5章 语义分析与中间代码的生成

学习目标

学习语法制导翻译的基本思想，中间代码的几种不同表示形式，能够利用语法制导翻译的思想完成对不同语法结构的翻译。明确语义分析在编译过程所处的阶段和作用。

学习要求

- 掌握：属性文法的基本概念，能够使用属性文法和语法制导翻译方法描述具体的语法制导的翻译过程及其生成中间代码。
- 了解：了解语法制导翻译的实现方法。

源程序经过词法分析、语法分析之后，完成了对源程序的语法结构的分析，表明源程序在书写上是正确的，并且符合程序语言所规定的语法要求，是一个"合适"的程序，但是并没有审查源程序是否有语义错误，因而，编译程序下一步的工作就是进行语义分析，即审查每一个语法范畴的语义，验证语法结构合法的程序是否真正有意义。如果语义审查正确，就将其转换成等价的中间代码或者直接生成目标代码。本章主要介绍中间代码的生成及其不同语法成分的语法制导的翻译过程。

5.1 语义分析的任务

编译器完成的分析是静态定义的，即在程序执行之前发生的，因而，这样的语义分析也称作**静态语义分析**（Static Semantic Analysis）。本节首先介绍静态语义分析的概念，然后在此基础上给出语义分析的任务。

5.1.1 语义分析的概念

在典型的静态类型语言中，语义分析包括构造符号表、记录声明中建立的名字的含义、在表达式和语句中进行类型推断和类型检查及在语言的类型规则作用域内判断它们的正确性。而动态语义检查则需要生成相应的目标代码。

通常，**静态语义检查**包括以下几方面的检查。

（1）类型检查：确保程序的每一部分在语言的类型规则的作用下有意义。例如参与运算的操作数的类型应相容，否则编译器会报错。

（2）控制流检查：用以保证控制语句拥有合法的转向点，即引起控制流从某个结构中跳转出来的语句必须能够决定控制流转向的目标地址。例如，C 语言中的 break 语句将导致控制流离开包含其最小的 while、for 和 switch 语句，如果找不到这样的语句，将导致错误。

（3）一致性检查：有些情况下一个对象只能被定义一次，例如，相同作用域内标识符只能说明一次；case 语句中的标签也应该是唯一的。

(4) 相关名称检查：有时同样的名字会多次出现，如 Ada 中，循环或块中都将有一个名字同时出现在构造器的开始和结束。编译器将检查同样的名字可以在两端被使用。

5.1.2　语义分析的任务

语义分析的任务是对于源程序在进行此法分析和语法分析的基础上，进一步分析其含义，在理解其含义的基础上为生成相应的目标代码做准备或直接生成目标代码。

静态语义分析包括执行分析的描述和使用合适的算法对分析的实现，它和词法及语法分析类似。例如，在语法分析中，使用上下文无关文法描述语法结构，并用各种自顶向下和自底向上的分析算法实现语法结构。在语义分析中，不能用正规文法或上下文无关文法来描述，一个原因是没有用标准的方法来说明语言的静态语义；另一个原因是对于各种语言，静态语义分析的种类和总量的变化范围很大。因此，语义的形式化描述是相当困难的。目前，常常用的且实现得很好的一种描述语义分析方法是利用属性文法描述程序设计语言的语义，然后采用语法制导翻译的方法完成对语法单位的翻译工作。

5.2　语法制导翻译

所谓语法制导翻译方法，就是在语法分析中依随分析的过程，根据每个产生式添加的语义动作进行翻译的方法。本节主要介绍属性文法及语法制导翻译方法的概念。

5.2.1　属性文法

属性文法是 Knuth 于 1968 年提出的，也称为**属性翻译文法**。属性文法以上下文无关文法为基础，为每个文法符号都配备了一些属性。属性代表着上下文无关文法中每个文法符号的语义，这种语义符号可能由符号的类型、值、符号表的内容甚至一段代码序列构成。而且一个符号可以有多个属性。属性同变量一样，可以进行计算和传递。属性加工的过程就是语义处理的过程。为文法的每个产生式配备的计算属性的规则称为语义规则。

通常情况下，文法的属性分为**继承属性**和**综合属性**两种。

继承属性用于"自上而下"传递信息，即文法产生式右部符号的某些属性根据其左部符号的属性和(或)右部其他符号的某些属性计算得到。在语法树中，一个结点的继承属性由此结点的父结点和(或)兄弟结点的某些属性计算得到，即沿语法树向下传递，由根结点到分枝结点，反映了对上下文依赖的特性。因而，继承属性可以很方便地表示程序设计语言结构中的上下文依赖关系。

综合属性用于"自下而上"传递信息，即文法产生式左部符号的某些属性根据其右部符号的属性和(或)自己的其他符号的某些属性计算得到。在语法树中，一个结点的综合属性由此结点的子结点的某些属性计算得到，即沿语法树向上传递，由分枝结点到根结点。

通常规定：每个文法符号的继承属性和综合属性的交集为空。

5.2.2　语法制导翻译方法

语法制导翻译方法的基本思想就是先给文法中的每个产生式添上一个成份，称其为语义动作(翻译子程序或语义子程序)，在语法分析的过程中，依随分析的过程，在使用语法规则进行推导或者归纳的同时，根据每个产生式添加的语义动作进行翻译，完成对输入符号串的翻译、优化，可使计算机在时间和空间上的利用率更高。

5.3 中 间 代 码

为了使编译程序在逻辑上更为简单明确，特别是为了使目标代码的优化比较容易实现，许多编译程序都采用了某种复杂性介于源程序和机器语言之间的中间语言，并且，需要把源程序翻译成这种中间语言。这样做的好处是：

(1) 便于进行与机器无关的代码化工作；

(2) 使编译程序改变目标机更容易；

(3) 使编译程序的结构在逻辑上更加简单明确。

目前，比较常见的中间代码有逆波兰表示法、三元式、间接三元式、四元式及树形表示等表示方法。

5.3.1 逆波兰表示法

逆波兰表示法是由波兰逻辑学家卢卡西维奇发明的。逆波兰表示法是最简单的一种中间代码表示形式，早在编译程序出现之前，它就用于表示算术表达式。这种表示法将运算对象写在前面，把运算符写在后面，因而也称作后缀表示法。例如把 $a+b$ 写成 $ab+$，把 $(a+b)*c$ 写成 $ab+c*$。

与常用的中缀表示法相比，逆波兰表示法有两个明显的特点：一是表达式中不再有括号，而且规定了运算的计算顺序；二是易于计算机处理表达，只需要利用一个栈从左到右扫描表达式，当碰到运算对象就把它压入堆栈；碰到双目(单目)运算符时，就对栈顶的两个(一个)运算对象实施该运算，并将运算结果作为一个新的运算量，继续扫描表达式，直至整个表达式处理完毕。最后的结果留在栈顶。

例如：

$ab@c+$ 代表的表达式是 $a*(-b+c)$

$ab+cd+*$ 代表的表达式是 $(a+b)*(c+d)$

5.3.2 四元式

四元式是一种比较普遍采用的中间代码形式，是带有四个域的记录结构，一般形式为：

    (op, ARG1, ARG2, RESULT)

其中，op 为算符，ARG1 和 ARG2 为第一和第二运算对象，RESULT 为运算结果。运算对象和运算结果有时指用户自己定义的变量，有时指编译程序引进的临时变量(也可空缺)。当算符为单目运算时，通常认为 ARG2 为空，即此时的运算符作用于 ARG1，运算结果存放在 RESULT 中。

例如 $a=-b*(-c+d)$ 的四元式表示如下：

    (1) $(@, c, -, t_1)$
    (2) $(+, t_1, d, t_2)$

(3) $(*, b, t_2, t_3)$
(4) $(=, t_3, -, a)$

从上例可以看出，四元式的出现顺序与表达式的计算顺序是一致的，四元式之间的联系是通过临时变量来实现的。因而，调整四元式的位置比较容易，便于编译中的优化操作，但是，四元式中过多引进临时变量，将导致存储空间的浪费。

5.3.3　三元式

三元式与四元式的表示方法基本相同，不同之处在于三元式只有三个记录域，没有表示运算结果的部分，凡是涉及运算结果的都用三元式的序号表示。三元式的一般形式为：

```
(op, ARG1, ARG2)
```

其中，**op** 为算符，**ARG1** 和 **ARG2** 为第一和第二运算对象。运算对象有时指用户自己定义的变量，有时指三元式表中的某个三元式，有时指编译程序引进的临时变量(也可空缺)。

例如 $a=-b*(-c+d)$ 的三元式表示如下：

(1) $(@, c, -)$
(2) $(+, (1), \ d)$
(3) $(*, b, (2))$
(4) $(=, (3), a)$

从上例可以看出，三元式的出现顺序与表达式的计算顺序也是一致的，三元式之间的联系是通过三元式的序号来实现的。与四元式相比，三元式具有两个优点：一是无须引进四元式中的那些临时变量；二是所占的存储空间比四元式少。但是，三元式也存在缺点，在编译过程中要实现代码优化时，通常需要从程序中删去某些运算，或者把另外的运算转移到程序中的不同地方，采用四元式很容易实现，但是由于三元式之间的联系是通过三元式的编号进行的，因而，三元式的移动较为困难，不便优化。

5.3.4　间接三元式

为了克服三元式不便优化的缺点，有时在编译中不直接使用三元式表，而是在三元式表的基础上再另设一张表，称为**间接码表**，该表中按运算的先后顺序列出相应的三元式在三元式表中的位置。即用间接码表辅以三元式来表示中间代码，这种表示方法称为**间接三元式**。

例如 $a=(b+c)*(b+c)$ 的三元式与对应的间接码表为：

三元式表	间接码表
(1) $(+, b, c)$	(1)
(2) $(*, (1), (1))$	(1)
(3) $(=, a, (2))$	(2)
	(3)

在代码优化过程中，需要调整运算顺序时，只需要重新调整间接码表，而无须改动三元式表，因而，间接三元式与三元式相比，便于优化。

5.3.5 抽象语法树

抽象语法树也称图表示，是语法树的浓缩，描绘了源程序在语义上的层次结构，也是一种较为流行的中间代码表示形式。在抽象语法树中，每一个叶结点都表示诸如常量或变量这样的运算对象，而其他内部结点表示运算。抽象语法树的要领如下：简单变量或常量的语法树就是该变量或常量自身。如果表示 e_1 和 e_2 的树为 T_1 和 T_2，那么，e_1+e_2，e_1*e_2，$-e_1$ 的抽象语法树分别如图 5-1 所示。

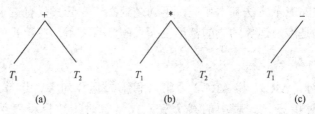

图 5-1 $e_1+e_2,e_1*e_2,-e_1$ 的抽象语法树

抽象语法树的表示是三元式表示的翻版，二目运算对应二叉子树，多目运算对应多叉子树，但是为了存储和表示方便、直观，一棵多叉子树总可以转换为一棵二叉树。抽象语法树结构紧凑，容易构造且结点树少。

5.4 说明语句的翻译

在分析程序设计语言中的说明语句时，为说明语句中定义的名字在符号表中建立相应的表项，并填入有关信息(如类型、在存储器中的相对地址等)。相对地址是对于静态数据区基址的偏移或是对活动记录中某个基址的偏移。编译程序把说明语句中定义的名字登记在符号表中，主要用来检查名字的引用和说明是否一致。

5.4.1 简单说明语句的翻译

程序设计语言中的简单说明语句的基本功能就是说明源程序中每一个名字及其性质。其一般形式是用一个保留字来定义某些名字的性质，如整型变量、实型变量等。

简单说明语句的文法 $G[D]$ 定义如下：

```
G[D]：D→int namelist | float namelist
      namelist → namelist, i | i
```

其中，int 和 float 为保留字，用来定义名字的性质分别为整型或实型。对这种说明语句的翻译是将名字及其性质登录在符号表中。

用上述文法进行自下而上的语法制导翻译时，首先将所有的名字归约成 namelist 后才能把它们的性质登记到符号表中，这就意味着 namelist 必须用一个队列(或栈)来保存这些名字。可以把文法 $G[D]$ 改写为 $G'[D]$：

```
G'[D]：D→ D,i | int i | float i
```

这样，就能把所说明的性质及时地告诉每个名字 i，或者说，每当读进一个标识符时，就可以把它的性质登记在符号表中，而无须到最后成批登记了。

接下来定义这些产生式所对应的语义动作。给非终结符 D 定义一个过程和一个语义变量：过程 enter(i,A) 的功能是把名字 i 和性质 A 登记在符号表中；语义变量 D.att 记录说明语句引入的名字的性质。这样，文法 $G'[D]$ 和相应的语义动作子程序如下：

```
(1)  D→ int i      {enter(i,int),D.att=int;}
(2)  D→float i     {enter(i,float),D.att= float;}
(3)  D→ D(1),i      {enter(i,D(1).att), D.att= D(1).att;}
```

5.4.2 过程中的说明

过程的翻译包括两部分，处理说明和处理调用。在 5.8 节介绍过程调用的翻译。现在主要讨论过程中局部名字的说明。

在 C、Java、Pascal 和 Fortran 这些语言的语法中，允许一个过程中的所有声明集中在一起处理，需要用一个全局变量 offset 来跟踪下一个可用的相对地址的位置。在处理过程的第一个声明之前，offset 置 0。在分析过程中，每次遇到一个新名字，就将该名字填入符号表，并将相对地址置为当前 offset 的值，然后使 offset 的值增加由该名字指示的数据对象的宽度。这里用综合属性 type 和 width 表示非终结符的类型和宽度（该数据对象所需的存储单元数）。假设 float 型对象的宽度为 8，则 5.4.1 节中产生式 (2) 对应的语义动作为：

```
D→float i    {enter(i,float,offset);D.att= float;
              D.width=8;offset=offset+D.width;}
```

其中过程 enter(name,type,offset) 表示为名字 name 建立符号表条目，该名字的类型是 type，它在数据区中的相对地址是 offset。

5.5 赋值语句的翻译

在将赋值语句翻译为四元式的描述中，表明了怎样根据符号表查名字、怎样访问数组元素和记录域。

5.5.1 简单算术表达式和赋值语句的翻译

简单算术表达式是一种仅含有简单变量的算术表达式，简单变量是指普通变量和常数，但不含数组元素及结构引用等复杂类型。简单算术表达式的计算顺序与四元式出现的顺序相同，因此，很容易将其翻译成四元式形式，这些方法稍加修改就可用于三元式或间接三元式。考虑以下文法 $G[S]$：

```
S → i = E
E → E + E|E * E|-E|(E)|i
```

其中，非终结符 S 代表"赋值语句"。文法 $G[S]$ 虽然是一个二义文法，但通过确定运算符的结合性及规定运算符的优先级就可以避免二义性的发生。为实现由表达式到四元式的翻译，需要给文法加上语义动作子程序。赋值语句的翻译方案如表 5-1 所示。

在这个规则里，i 表示名字，i.name 表示标识符的属性。语义函数 Lookup$(i.$ name$)$ 表示审查 i.name 是否出现在符号表中，若在，则返回指向 i.name 在符号表的入口指针，否则返回

NULL。语义过程 emit 表示产生四元式并填入四元式表中。语义函数 newtemp()表示生成一个临时变量，每调用一次，生成一个新的临时变量。语义变量 *E*.place 表示存放 *E* 值的变量名在符号表中的入口地址或临时变量的整数码。

表 5-1　赋值语句的翻译方案

文 法 规 则	语 义 规 则
$S \rightarrow i = E$	p=lookup(*i*.name)； If(p==*NULL*) error()； 　else emit(=,*E*.place, ,p)；
$E \rightarrow E_1 + E_2$	*E*.place = newtemp()； emit(+,E_1.place, E_2.place,*E*.place)
$E \rightarrow E_1 * E_2$	*E*.place = newtemp()； emit(*,E_1.place,E_2.place, *E*.place)
$E \rightarrow -E_1$	*E*.place = newtemp()； emit(+,E_1.place, E_2.place,*E*.place)
$E \rightarrow (E_1)$	*E*.place = E_1.place；
$E \rightarrow i$	p=lookup(*i*.name)； If(p==*NULL*) error()； 　else *E*.place = p；

【例 5-1】　请分析赋值语句 $X=-B*(C+D)+A$ 的语法制导翻译过程。

赋值语句 $X=-B*(C+D)+A$ 的语法制导翻译过程如表 5-2 所示。

表 5-2　赋值语句 $X=-B*(C+D)+A$ 的语法制导翻译过程

输 入 串	归约所用产生式	栈	PLACE	四 元 式
$X=-B*(C+D)+A\#$				
$=-B*(C+D)+A\#$		i	X	
$-B*(C+D)+A\#$		$\#i=$	$X\_$	
$B*(C+D)+A\#$		$\#i=-$	$X\_\_$	
$*(C+D)+A\#$		$\#i=-i$	$X\_\_B$	
$*(C+D)+A\#$	$E \rightarrow i$	$\#i=-E$	$X\_\_B$	
$*(C+D)+A\#$	$E \rightarrow -E_1$	$\#i=E$	X_T_1	$(@,B,\_,T_1)$
$(C+D)+A\#$		$\#i=E*$	$X\_T_1\_$	
$C+D)+A\#$		$\#i=E*($	$X\_T_1\_\_$	
$+D)+A\#$		$\#i=E*(i$	$X\_T_1\_\_C$	
$+D)+A\#$	$E \rightarrow i$	$\#i=E*(E$	$X\_T_1\_\_C$	
$D)+A\#$		$\#i=E*(E+$	$X\_T_1\_\_C\_$	
$)+A\#$		$\#i=E*(E+i$	$X\_T_1\_\_C\_D$	
$)+A\#$	$E \rightarrow i$	$\#i=E*(E+E$	$X\_T_1\_\_C\_D$	
$)+A\#$	$E \rightarrow E_1 + E_2$	$\#i=E*(E$	$X\_T_1\_\_T_2$	$(+,C,D,T_2)$
$+A\#$		$\#i=E*(E)$	$X\_T_1\_\_T_2\_$	
$+A\#$	$E \rightarrow (E_1)$	$\#i=E*E$	$X\_T_1\_T_2$	
$+A\#$	$E \rightarrow E_1 * E_2$	$\#i=E$	X_T_3	$(*,T_1,T_2,T_3)$
$A\#$		$\#i=E+$	$X\_T_3\_$	
$\#$		$\#i=E+i$	$X\_T_3\_A$	
$\#$	$E \rightarrow i$	$\#i=E+E$	$X\_T_3\_A$	
$\#$	$E \rightarrow E_1 + E_2$	$\#i=E$	X_T_4	$(+,T_3,A,T_4)$
$\#$	$S \rightarrow i = E$	S	X	$(=,T_4,\_,X)$

5.5.2　数组的翻译

包括变量说明和数组说明的文法 $G[D]$ 定义如下：

$G[D]$: $D \to$ int　namelist $|$ float　namelist
　　　　namelist $\to$ namelist, $V|V$
　　　　$V \to i$[elist]$|i$
　　　　elist $\to$ elist, $E|E$
　　　　$E \to E + E |E * E |-E|(E)|i$

当处理数组说明时，把数组的有关信息存放在一个称为"内情向量表"的表格中，以便计算数组元素的地址时查询。例如，数组 int $A[l_1:u_1, l_2:u_2, \cdots l_n:u_n]$ 相应的内情向量表见表 5-3。

表 5-3　数组内情向量表

l_1	u_1	d_1
l_2	u_2	d_2
$\vdots$	$\vdots$	$\vdots$
l_n	u_n	d_n
维数：n	CONSPART=a $-C$ 中的 C	
类型：int	数组 A 的首地址 a	

如果不检查数组引起的表 5-3 是否越界，则内情向量表的内容还可以进一步压缩，如 l、u、d 三栏只用 l、d 两栏即可。内情向量表的大小是由数组的维数 n 确定的。

对于静态数组 A 而言，它的每维的上、下界 l_i、u_i 都是常数，故每维的长度 d_i 在编译时就可以计算出来，即 CONSPART 中的 C 可以计算出来，在编译时就能知道数组所需占用存储空间的大小。在这种情况下，内情向量表只在编译时有用而无须将其保留到目标程序的运行时刻，因此可把它安排为符号表的一部分。

对于可变数组 A 而言，它的每维的上、下界 l_i、u_i 都是变量，那么某些维的长度 d_i 及 CONSPART 中的 C 在运行时刻才能计算出来，因此，数组所需占用存储空间的大小在程序运行时刻才能知道。在这种情况下，编译时应分配数组的内情向量表区。在目标程序运行中，当执行到数组 A 所在分程序时，就把内情向量表的各有关成分填进此表区，然后动态申请数组所需的存储空间。这意味着可变数组在编译时，一方面要分配它的内情向量表区，另一方面必须产生在运行时动态建立内情向量表和分配数组空间的目标指令，这些指令就是在数组说明的翻译时产生的。

5.6　布尔表达式的翻译

程序设计语言中布尔表达式的基本作用有两个：一是计算逻辑值，二是用于改变控制流语句中的条件表达式。像在 if-then，if-then-else 或 while-do 语句中那样。

布尔表达式的运算符为布尔运算符，即为 and，or 和 not 或者描述成 $\wedge$，$\vee$，$\neg$（C 语言中为&&，$\parallel$，！），其运算对象为布尔变量，也可为常量或关系表达式。关系表达式的运算对象为算术表达式，关系运算符为<，<=，>，>=，!=等。布尔算符、算术算符和关系算符可以施于任何类型的表达式，并不区别布尔值和算术值，只不过在需要时执行强制变换。简单起见，我们将常用的布尔表达式用下述文法 $G[E]$ 描述：

$E \rightarrow E \wedge \ E|E \ \bigvee \ E|\neg E|(E)|i \ \text{rop} \ i|\text{true}|\text{false}$

计算布尔表达式的值通常有如下两种方法。

(1)通过逐步计算出各部分的值来计算整个表达式。假定逻辑值 true 用 1 表示，false 用 0 表示，则布而表达式 $1 \bigvee (\neg 0 \wedge 0) \bigvee 0$ 的值的计算过程为：

```
 1∨(¬ 0∧0)∨0
=1∨(1∧0)∨0
=1∨0∨0
=1∨0
=1
```

(2)根据布尔运算的特点实施优化计算，只计算部分表达式，无须逐步计算。假定要计算 $A \bigvee B$，若计算出 A 的值为 1，那么 B 的值就无须再计算了，因为不管 B 的值为何结果，$A \bigvee B$ 的值都为 1。要计算 $A \wedge B$，若计算出 A 的值为 0，那么 B 的值就无须再计算了，因为不管 B 的值为何结果，$A \wedge B$ 的值都为 0。即：

```
A∨B→if A then true else B
A∧B→if A then B else false
¬ A→if A then false else true
```

上述两种方法对于不包含布尔函数调用的表达式是没有什么差别的。但是，若一个布尔式中有布尔函数调用，并且这种函数调用引起副作用(如有对全局量的赋值)时，这两种方法未必等价。采用哪种方法取决于程序设计语言的语义。有些语言规定，函数过程调用应不影响这个调用处环境的计值，或者说，函数过程的工作不许产生副作用，在这种规定下，可以任选其中一种。在后续的论述中，我们假定不出现上述的副作用情况。

在语句 if$(E)S_1$ else S_2 中，表达式 E 的作用是使程序流程执行 S_1 还是 S_2 的判断，因此，不必保留 E 的值，而是将 E 的计算结果表示成程序执行流程的转移，此时表达式 E 的值只需有两个，即分别用于表示 E 为真和假时控制流向的转移，分别叫真出口和假出口。

在对布尔表达式进行翻译之前，引入以下四个新的四元式：

四元式 (jnz,A,-,P) 表示：if A then goto P；

四元式 (jrop,x,y,) 表示：if x rop y then goto P；

四元式 (j,-,-,P) 表示：goto P。

在自下而上的分析过程中，一个布尔表达式的真假出口往往不能在产生四元式的同时就确定下来，只好把这种未完成的四元式的地址作为 E 的语义值暂存起来，待到整个表达式的四元式产生完毕之后，再来填写这个未填入的转移目标，这种技术称为回填。

按照这种思想，我们为非终结符 E 赋予两个综合属性 $E.$ true 和 $E.$ false，分别表示布尔表达式 E 所对应的四元式需要回填的"真""假"出口的四元式地址所构成的链。这是因为在翻译过程中常常会出现多个转移四元式转向同一个目标但目标地址尚未确定的情况，此时可用"拉链"的方法将这些四元式链接起来，得到转移目标的四元式地址再进行回填。例如，假定 E 的四元式需要回填"真"出口有 p、q、r 这三个四元式，则它们可链成如图 5-2 所示的的真链，作为 $E.$true 值的是链首(r)。

为了处理 $E.$true 和 $E.$false 这两个语义值，需要引入如下的语义变量和函数。

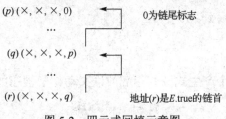

图 5-2　四元式回填示意图

（1）变量 nextquad：始终指向下一条将要产生的四元式的地址（标号），其初值为 1，每当执行一次 emit 语句，其值自动加 1。

（2）函数 makelist(i)：它将创建一个仅含有 i 的新链表，其中 i 是四元式数组的一个下标（标号）；函数返回指向这个链的指针。

（3）函数 merge(p_1,p_2)：把以 p_1 和 p_2 为链首的两条链合并为一条以 p_2 为首的链，即返回链首值 p_2。

（4）过程 backpatch(p,t)：完成回填功能，把链首 p 所链接的每个四元式的第四区段都改写为地址 t。

其中，merge 函数功能如下：

```
merge(p₁,p₂)
{
  if(p= =0)return(p₁);
   else
     {
        p=p₂;
        while(四元式 p 的第四区段内容不为 0)
          p=四元式 p 的第四区段的内容;
         把 p₁ 填进四元式 p 的第四区段;
        return(p₂);
     }
}
```

过程 backpatch(p,t) 如下：

```
backpatch(p,t)
{
Q=p;
while(Q!=0)
    {
       p=四元式 Q 的第四区段的内容;
       把 t 填进四元式 Q 的第四区段;
       Q=p;
      }
     }
```

为便于实现布尔表达式的翻译，并在扫描到∧和∨时能够及时回填一些已经确定了的待回填的转移目标，我们使用如下的文法，以便利于编制相应的语义子程序。

$G'[E]$ 描述：

$E{\rightarrow}E^A\ E\,|\,E^BE\,|\,\neg E\,|\,(E)\,|\,i$ rop $i\,|\,i$
$E^A{\rightarrow}E\wedge$
$E^B{\rightarrow}E\vee$

此时，文法 $G'[E]$ 的每个产生式及其相应的语义动作子程序如表 5-4 所示。

表 5-4　翻译过程

文 法 规 则	语 义 规 则

(1) $E{\rightarrow}i$	E.true=nextquad;
	E.false= nextquad+1;
	emit(jnz,i,-,0);
	emit(j,-,-,0);

(2) $E{\rightarrow}i^1$ rop i^2	E.true=nextquad;
	E.false= nextquad+1;
	emit(jrop,i^1, i^2,0);
	emit(j,-,-,0);

(3) $E{\rightarrow}(E^1)$	E.true= E^1.true; E.false = E^1.false;
(4) $E{\rightarrow}\neg E^1$	E.true= E^1.false; E.false = E^1.true;
(5) $E^A{\rightarrow}E^1\wedge$	Backpatch(E^1.true,nextquad) E.false = E^1.false;
(6) $E{\rightarrow}E^A\ E^2$	E.true= E^2.false; E.false =merge(E^A.false,nextquad)
(7) $E^B{\rightarrow}E^1\vee$	Backpatch(E^1.true,nextquad) E^B.true= E^1.true;
(8) $E{\rightarrow}E^B\ E^2$	E.true= E^2.true; E.true =merge(E^B.true,E^2.true)

根据上述语义动作，当整个布尔表达式所对应的四元式全部产生之后，作为整个表达式的真假出口仍未回填。

【例 5-2】　试给出布尔表达式 $a\wedge b\vee c{\geqslant}d$ 作为控制条件的四元式中间代码。

设四元式序号从 100 开始，则布尔表达式 $a\wedge b\vee c{\geqslant}d$ 的四元式中间代码：

```
     100(jnz,a,102)
     101(j,-,-,104)
     102(jnz,b,-106)
     103(j,-,-,104)
     104(j≥,c,d,106)
     105(j,-,-,q)
T:   106
     …
F:   q
```

其中，T 为真值出口，F 为假值出。

5.7　控制语句的翻译

在源程序中，控制语句用于实现程序流程的控制。一般程序设计语言有三种控制语句：

● if…then…；

- if…then…else…；
- while…do…；

接下来对常见的控制语句的翻译进行讨论。

5.7.1　条件语句 if 的翻译

1．条件语句 if 的代码结构

一般情况下，条件语句 if 的结构为：

```
if  E then S₁;else S₂;
```

条件语句 if E then S_1;else S_2; 中布尔表达式 E 的作用仅在于控制对 S_1 和 S_2 的选择，因此作为转移条件的布尔表达式 E 的真出口转向 S_1 的执行，假出口转向 S_2 的执行。其转向关系可用图 5-3 表示。

在图 5-3 中，E.true 表示布尔表达式 E 的真值出口，E.false 表示布尔表达式 E 的假值出口。S_1.code 是 S_1 的代码段，S_1.next 是 S_1 的代码段之后的第一条语句；S_2.code 是 S_2 的代码段，S_2.next 是 S_2 的代码段之后的第一条语句。从图中可以看出，E.true 和 E.false 分别指向了尚待回填的真假出口的四元式串的地址。E 的真出口在扫描完布尔表达式 E 后

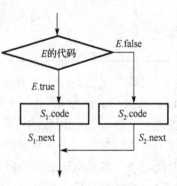

图 5-3　if 语句的代码结构

能够知道，即 S_1 的代码段的入口地址。然而，E 的假出口在只有在处理完 S_1 的代码段之后到 else 时才能知道，这就意味着 E.false 的值必须传下去，以便到相应的 else 时进行回填。S_1 的代码段执行结束就意味着整个 if…else…语句也执行结束，因而，在 S_1 的代码段之后应该产生一条无条件转移指令，这条指令使得程序控制离开整个 if…else…语句。但是，这条指令的转移地址在完成 S_2 的代码段的翻译之前无法获得，甚至在翻译完 S_2 的代码段之后也无法获得，这是由选择语句的嵌套性所引起的。

综上分析可以看出，在针对这样的控制语句的翻译中要解决的主要问题是：①转移四元式的生成；②转移目标地址的回填。

2．条件语句 if 的文法

if…then…，if…then…else…语句可由下面的文法 $G[S]$ 产生：

```
G[S]:  S→if E then S₁|if E then S₁ else S₂
```

为了在扫描条件语句过程中能够不失时机地处理和回填有关信息，可将文法 $G[S]$ 改写为如下的 $G'[S]$：

```
G'[S]: S→if E then S₁
         |if E then S₁ else M S₂
       M→ε
       E→i
```

依据图 5-2 可得到 if…then…，if…then…else…语句的属性文法，如表 5-5 所示。

表 5-5 条件语句的属性文法

文 法 规 则	语 义 规 则
$S \rightarrow$ if E then S_1	E.false=nextquad; S_1.next=nextquad; E.true=nextquad+1; Gen (jnz,i.val,,E.true) Gen (j, , ,E.false)
$S \rightarrow$ if E then S_1 else $M S_2$ $M \rightarrow \varepsilon$ $E \rightarrow i$	S_1.next=nextquad; S_2.next=nextquad; Gen (j, , ,S_1.next) E.false=nextquad; E.true=nextquad+1; Gen (jnz,i.val, ,E.true) Gen (j, , ,E.false)

在这个文法中，针对 if…then…，if…then…else…语句的 $E \rightarrow i$ 的语义有没有改变，if…then…else…文法与 if…then…最大的不同在于有了 else S_2 部分，这使 S_1 的代码段结束之后还要有一个跳过 S_2 代码段的转移语句，其转移目标应该是全句 S 的末尾。而且为此在文法规则的 else 之后加入一个非终结符 M，目的是引入两条语义规则。其一是完成 S_1 代码之后的跳转，但此时转移的目标地址尚未确定，有待回填。其二是回填 E.false，S_2 代码段的入口地址成为 E.false 的转移目标。所以 S_2 代码段第一个四元式的地址被赋值于 E.false。

5.7.2 循环语句 while 的翻译

1．循环语句 while 的代码结构

一般情况下循环语句 while 的结构为：

```
while E do S₁;
```

循环语句 while E do S_1;通常被翻译成如图 5-4 所示的代码结构。布尔表达式 E 的真值出口指向 S_1.code 的第一个四元式，紧接在 S_1 的代码段之后应产生一条转向测试 E 的无条件转移指令；布尔表达式 E 的假值出口将使程序控制离开整个 while 语句而去执行 while 语句之后的后续语句。但是，有时布尔表达式 E 的假值出口即使在翻译完整个 while 语句之后也无法获得，这同样是由语句的嵌套性引起的。

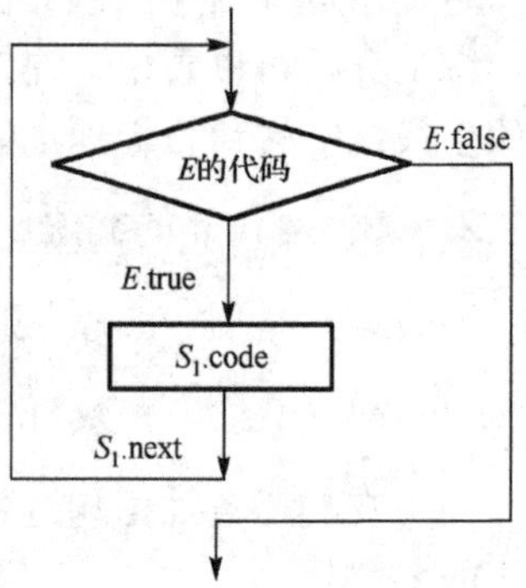

2．循环语句 while 的文法

While 语句可由下面的文法 $G[S]$产生：

图 5-4 while 语句的代码结构

```
G[S]:  S→while E do S₁
```

为了在扫描过程中能够不失时机地处理和回填有关信息，可将文法 $G[S]$改写为如下的 $G'[S]$：

```
G'[S]:  S→while M E do S₁
```

$M \to \varepsilon$

$E \to i$

依据图 5-3 可得 while 语句的属性文法，如表 5-6 所示。

表 5-6　while 语句的属性文法

文 法 规 则	语 义 规 则
$S \to$ while ME do S_1	Gen $(j, , ,M.\text{lable})$
	$E.\text{false}=\text{nextquad};$
	$M.\text{lable} =\text{nextquad};$
	$E.\text{true}=\text{nextquad}+1;$
	Gen $(\text{jnz}, i.\text{val}, ,E.\text{true})$
	Gen $(\text{jp}, , ,E.\text{false})$

按照同样的方法，可以得到 do S_1 while E 语句的文法及其翻译过程。

5.7.3　三种基本控制结构的翻译

1．三种基本控制结构的文法及其语义子程序

给出三种基本控制结构的文法 $G[S]$ 如下：

```
G[S]:  S→if E then S₁
       |if E then S₁ else S₂
       |while E do S₁
       |begin L end
       |A
   L→L; S₁
       |S₂
```

其中各非终结符的含义是：S——语句；L——语句串；A——赋值语句；E——布尔表达式。

根据前面的讨论，为了能及时回填有关四元式串的转移地址，对文法 $G[S]$ 进行改写，改写为 $G'[S]$：

```
G'[S]:  S→C S₁
        |TₚS₂
        |W_dS₂
        |begin L end
        |A
    L→L_s; S₁
        |S₂
    C→if E then
    Tₚ→C S else
    W_d→W E do
    W→while
    L_s→L;
```

接下来给出这个文法的相应的语义动作，如表 5-7 所示，所用到的变量与 5.6 节用到的相同。

表 5-7　翻译过程

文 法 规 则	语 义 规 则
(1) $S \to C\,S_1$	S.nextlist =merge(C.nextlist, S_1.nextlist)
(2) $S \to T_p S_2$	S.nextlist =merge(T_p.nextlist, S_2.nextlist)
(3) $S \to W_d S_2$	Backpatch(S_2. nextlist,W_d.codebegin) emit(j,-,-, W_d.codebegin) S.nextlist=W_d.chain
(4) $S \to$ begin L end	S.nextlist= L.nextlist
(5) $S \to A$	S.nextlist = makelist () ;
(6) $L \to L_s$; S_1	L.nextlist= S_1.nextlist
(7) $L \to S$	L.nextlist= S.nextlist
(8) $C \to$ if E then	Backpatch(E.true,nextquad) C.nextlist= E.false
(9) $T_p \to C\,S$　else	q=nextquad; emit(j,-,-, 0) Backpatch(C.nextlist,nextquad) T_p.nextlist =merge(S.nextlist,q)
(10) $W \to$ while	W_d.codebegin=nextquad
(11) $W_d \to W\,E$ do	Backpatch(E.true,nextquad) W_d.nextlist= E.false W_d.codebegin= W.codebegin
(12) $L_s \to L$;	Backpatch(L.nextlist,nextquad)

2．翻译举例

【例 5-3】 将下面的句翻译成四元式：

```
while(A<B)do
if(C<D)then  X=Y+Z
```

首先画出代码结构图如图 5-5 所示，然后按照文法及其语义动作子程序得到该语句对应的四元式序列如下：

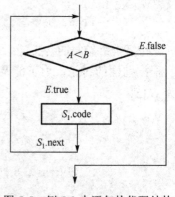

```
100 (j<,A,B,102)      /*A<B 的真值出口*/
101 (j,_,_,107)       /*A<B 的假值出口*/
102 (j<,C,D,104)      /*C<D 的真值出口*/
103 (j,_ ,_ ,106)     /*C<D 的假值出口*/
104 (+,Y,Z,T)
105 (=,T, ,X)
106 (j,_,_,100)       /*转对 E 的测试*/
107
```

图 5-5　例 5-3 中语句的代码结构

5.8　过程调用的翻译

过程调用是程序设计中最常用的一种结构。过程调用语句的翻译是为了产生一个调用序列和返回序列，在编译阶段对过程调用语句的翻译工作主要是参数传递。这里就不再赘述了。

过程调用的文法 $G[S]$ 可以用如下方式描述：

```
G[S]: S→call i(elist)
```

> elist→elist,*E*
> elist→*E*

为了处理实在参数串的过程中记住每一个参数的地址，以便最后把它们排列在转指令 call 之前，需要把这些地址保存起来。用来存放这些地址的一个方便的数据结构就是队列，以便按顺序记录每个实在参数的地址。赋予产生式 elist→elist,*E* 的语义动作是将表达式 *E* 的存放地址 *E*.place 放入队列 queue 中；而产生式 *S*→call *i*(elist) 的语义动作是对队列 queue 中的每一项 *P* 生成一个四元式 (par,_,_,*P*)，并让这些四元式接在对参数表达式求值的那些语句之后。对参数表达式的求值语句已经在将它们归约为 *E* 时产生。文法 *G*[*S*]及与之对应的语义动作子程序如表 5-8 所示。

表 5-8　翻译过程

文 法 规 则	语 义 规 则
(1) *S*→call *i* (elist)	for(队列 queue 中的每一项 *P*) emit(par,_,_,*P*) emit(call,_,_,*i*.place)
(2) elist→elist,*E*	将 *E*.place 加入到队列 queue 的队尾
(3) elist→*E*	初始化 queue 仅包含 *E*.place

5.9　实例编译程序的语义分析

前面介绍了 Micro 的语法分析器。语法分析只检查语法上的错误，通俗地说检查语法结构的正确与否。在语法分析阶段把所有标识符视为一个单词，常数也是如此，因此在进行语法分析时用不到标识符的具体名和常数的具体值，而只用到它们的词类码$id、$intC 和$reaC 等。

上述情况说明，语法分析并不精确地考虑一个标识符(常数)的出现是否正确，而只检查标识符(常数)是否出现在可出现的地方，若是则认为是正确的。如果在需要出现数组标识符的地方出现了过程标识符，则显然是错误的。但语法分析器不检查类似这种语义上的错误，语义分析器的功能才是检查这类语义错误。

这里，语义分析部分主要做下面三件事情：

(1)检查语义错误；

(2)在分析声明部分时构造标识符的属性表，同时检查重复声明错误；

(3)在分析语句部分时检查变量无声明和类型不相容错误，并且把变量的 Token 改为 ($id,entry) 形式，其中 entry 表示变量的属性表地址。

对于 Micro 语言来说，可有以下几种语义错误：

(1)变量标识符没有声明；

(2)变量标识符重复被声明；

(3)赋值语句左右部分的类型不相容。

标识符处理的主要思想是：当遇到标识符声明时，构造标识符的属性表(简称符号表)，遇到使用性标识符时去查标识符的符号表，若查不到则表示该标识符没有声明。在构造属性表时可通过是否在表中已有同名项的办法检查出重复声明的错误。当处理赋值语句时，通过求出其左右部类型来检查出其类型是否不相容。

我们将用到下面几个子程序：

```
Creat                      : 创建空符号表
Enter(name,entry,s)        :将 name 填入符号表，并在 entry 中给出其表项地址
                            若已有同名项，则 s 取 true 值，否则取 false
Find(name,addr,tp,s)       :用 name 查找符号表，并在 addr 和 tp 中分别给出其 name 的
                            地址和类型，若已有同名项，则 s 取 true 值
SetAttribute(entry,addr,type)  :将标识符的地址和类型填入符号表的 entry 项内
ChangeToken(entry)         :将被读 Token(标识符)的右半部改为 entry 地址
NewAddr                    :产生一个新地址
```

符号表的表项由两部分组成：其一是标识符名，其二是标识符的属性。属性分为地址和类型两部分，其中类型由变量说明中的类型部分来确定，而地址则由语义分析器来生成，在此具体由函数 NewAddr 生成地址，每调用一次生成一个新地址。

【例 5-4】 如果考虑在词法分析中所讨论过的例子，则语义分析后得到图 5-6 所示的新 Token 表和标识符表，其中 x*表示变量名 x 的符号表地址，常数类似。

1. $begin	13. ↵	25. ↵	37. $RParen
2. $var	14. ($id , x1*)♠	26. $ write	38. $semi
3. ($id , x1*)♠	15. $assign	27. $LParen	39. ↵
4. $colon	16. ($realc,0.5*)	28. ($id, z1*)♠	40. ($id, z1*)♠
5. $real	17. $semi	29. $plus	41. $assign
6. $semi	18. ↵	30. ($realc,5.5*)	42. ($id , z1*)♠
7. ↵	19. ($id, z1*)♠	31. $RParen	43. $plus
8. $var	20. $assign	32. $semi	44. ($id , x1*)♠
9. ($id ,z1*)♠	21. ($id , x1*)♠	33. ↵	45. $end
10. $colon	22. $plus	34. $ read	46. $stop
11. $real	23. ($intc,55*)	35. $LParen	47. $Eof
12. $semi	24. $semi	36. ($id , x1*)♠	

x_1	x_1	real	x_1Addr
z_1	z_1	real	z_1Addr

图 5-6 Micro 的语义分析例

```
procedure Semantic():
begin   Creat ; .........................●建空符号表
        ReadToken(); .....................●读掉$begin
LD: ReadToken(token); ....................●读声明/语句的头符
    case token.LH of
     $var ⇒ { ReadToken(token);..........●($id,name)
        Enter(token.RH,entry,s)..........●填写变量名 name
        if s=true then Error(1);........●重复声明错
        ReadToken();ReadToken(token);......●$int / $real
        case token.LH of
            $int ⇒SetAttribute(entry, newAddr,intType);
            $real ⇒SetAttribute(entry, newAddr,realType)
        end ;
        ReadToken(); goto LD
```

```
                };
        other ⇒    while token≠$stop do {
                if token.LH = $id then Find(token.RH ,entry,s);
                if s =false then Error(2);.........    ● 无声明错
            ChangeToken(entry)
                }
    end
```

上述程序所给出的语义分析器显然没做赋值语句左右类型的相容性检查工作。因为语句部分的处理没有采用语法分析框架，无法检查上下文之间的语义关系。类型相容性的检查工作将交给中间代码生成器。

5.10　小　　结

中间代码是复杂性介于源程序语言和机器语言之间的一种表示形式。编译程序中所使用的中间代码有多种形式，常见的有逆波兰式、三元式和四元式等。

源程序翻译成中间表示，要在保证源语言语句语义的条件下进行源语句到目标语句结构上的变换。学习本章后应能掌握一般语法成分，如条件语句、循环语句和简单说明语句等结构的翻译。语法制导翻译指的是编译实现的方法、分析过程和语法树用于制导语义分析和源程序的翻译，常用的方法是扩充惯用的文法，加上控制语义分析和翻译的信息，这样的文法称为属性文法。

复习思考题

1．填空题

(1)中间代码有_____等形式，生成中间代码主要是为了使_____。

(2)语法制导翻译既可以用来产生_____代码，也可以用来产生_____指令，甚至可用来对输入串进行_____。

(3)后缀式 *abc-/* 所代表的表达式是_____，表达式 (*a-b*)*c 可用后缀式_____表示。

(4)用一张_____辅以_____的办法来表示中间代码，这种表示法称为间接三元式。

(5)在语法分析中，根据每个产生式对应的语义子程序进行_____的办法叫作_____。

2．选择题

(1)中间代码生成时依据的是_____。

 A．语法规则　　　　　　　　　B．词法规则

 C．语义规则　　　　　　　　　D．等价变换规则

(2)四元式之间的联系是通过_____实现的。

 A．指示器　　　　　　　　　　B．临时变量

 C．符号表　　　　　　　　　　D．程序变量

(3)后缀式 *ab+cd+/* 可用表达式_____来表示。

 A．*a+b/c+d*　　　　　　　　　B．(*a+b*)/(*c+d*)

C．$a+b/(c+d)$　　　　　　　D．$a+b+c/d$

(4)间接三元式表示法的优点为_____。

   A．采用间接码表，便于优化处理

   B．节省存储空间，不便于表的修改

   C．便于优化处理，节省存储空间

   D．节省存储空间，不便于优化处理

(5)表达式$(A\lor B)\land(C\lor D)$的逆波兰表示为_____。

   A．$\neg AB\lor\land CD\lor$　　　　　　　B．$A\neg B\lor CD\lor\land$

   C．$AB\lor\neg CD\lor\land$　　　　　　　D．$A\neg B\lor\land CD\lor$

(6)四元式表示法的优点为_____。

   A．不便于优化处理，但便于表的更动　　B．不便于优化处理，但节省存储空间

   C．便于优化处理，也便于表的更动　　　D．便于表的更动，也节省存储空间

(7)终结符具有_____属性。

   A．传递　　　　　　　　　　　　B．继承

   C．抽象　　　　　　　　　　　　D．综合

(8)后缀式_____对应的表达式是$a-(-b)*c$（@代表后缀式中的求负运算符）。

   A．$a-b@c*$　　　　　　　　　　B．$ab@$

   C．$ab@c-*$　　　　　　　　　　D．$ab@c*-$

(9)使用_____可以把$Z=(X+0.418)*YNV$翻译成四元式序列。

   A．语义规则　　　　　　　　　　B．等价变换规则

   C．语法规则　　　　　　　　　　D．词法规则

(10)更动一张_____表很困难。

   A．三元式　　　　　　　　　　　B．间接三元式

   C．四元式　　　　　　　　　　　D．三元式和四元式

3．写出算术表达式：$A+B*(C-D)+E/(C-D)\uparrow N$ 的：①四元式序列；②三元式序列；③间接三元式序列；④树形表示。

4．把语句：

```
if a>b then while x>0 do x=x-2
    else   y=y+1;
```

翻译为四元式序列。

5．把下面的语句：

```
while(A>B)do
    if(C<D)then X=Y*Z
        else X=Y+Z
```

翻译为四元式序列。

6．把下面的 C 程序：

```
main()
{
```

```
    int i;
    int a[10];
    while(i < = 10)
    a[i] = 0;
}
```

的可执行语句翻译成：①语法树；②后缀表示；③三元式；④四元式。

7. 下面的 C 语言程序：

```
main()
{
    int i,j;
    while((i||j)&&(j > 5))
    {
        i =j;
    }
}
```

在 X86/Linux 机器上编译生成的汇编代码如下：

```
            .file    "bool.c"
            .version    "01.01"
gcc2_compiled.:
.text
            .align 4
.globl main
            .type    main,@function
main:
            pushl %ebp
            movl %esp,%ebp
            subl $8,%esp
            nop
            .p2align 4,,7
    .L2:
            cmpl $0,-4(%ebp)
            jne .L6
            cmpl $0,-8(%ebp)
            jne .L6
            jmp .L5
            .p2align 4,7
    .L6:
            cmpl $5,-8(%ebp)
            jg .L4
            jmp .L5
            .p2align 4,,7
    .L5:
            jmp .L3
            .p2align 4,,7
    .L4:
```

```
                    movl -8(%ebp),%eax
                    movl %eax,-4(%ebp)
                    jmp .L2
                    .p2align 4,,7
        .L3:
        .L1:
                    leave
                    ret
        .Lfe1:
                    .size    main,.Lfe1-main
                    .ident   "GCC:(GNU)egcs-2.91.66 19990314/Linux(egcs-1.1.2 release)"
```

　　在该汇编代码中有关的指令后加注释，将源程序中的操作和生成的汇编代码对应起来，以判断确实是用优化计算来完成布尔表达式计算的。

第 6 章   符号表管理

学习目标

理解符号表的作用及符号表的组织和使用方法，了解名字的作用范围，了解符号表中一般应包含的内容。

学习要求

- 掌握：符号表的作用及符号表的组织和使用方法。
- 了解：了解名字的作用范围，符号表中一般应包含的内容。

符号表是连接声明与引用的桥梁，在编译程序中使用符号表来存放语言程序中出现的有关标识符的属性信息。一个名字在声明时，相关信息被填写进符号表，而在引用时，根据符号表中的信息生成相应的可执行语句。这些相关信息集中反映了标识符的语义特征属性。每当进行词法分析和语法分析时，表中的信息都在不断地积累和更新，如果发现新的标识符或已有标识符的新信息，符号表就要发生变化。如何有效记录各类符号的信息，以便在编译的各个阶段对符号表进行快速、有效的查找、插入、修改、删除等操作是符号表设计的基本目标之一。

6.1   符号表的作用

符号表是编译程序中的主要数据结构之一，主要用来存放程序语言中出现的有关标识符的信息，编译程序处理标识符主要涉及两部分内容：其一是标识符自身，其二是与标识符相关的信息。

符号表在编译程序的不同分析阶段都会使用，不管编译策略是否是分趟的，它的作用和地位都是一致的。

符号表的作用主要表现在以下几方面。

6.1.1   收集标识符属性信息

当编译程序扫描到语言程序中标识符的说明部分时，根据说明语句的功能，符号表应能记录标识符的相关信息。例如，编译程序分析到下述两个说明语句：

```
...
int  x, y[10];
float w;
...
```

编译程序首先检查符号表，看符号表的标识符栏中是否已有标识符 x,y,w ,若没有，则将这些标识符顺序填入符号表的名字栏,同时向相应的信息栏中依次填入每一个标识符的特征,即 x 是一个整型简单变量,y 是一个具有 10 个元素的整型数组,w 是一个浮点型简单变量。

6.1.2　符号表内容为上下文语义的合法性检查提供依据

有时同一个标识符会出现在程序的不同地方,那么什么地方是合法的,什么地方是不合法的,通过符号表及其相应特征的查询才能确定标识符属性在上下文中的一致性和合法性。例如,在一个 C 语言中出现以下说明语句:

```
…
int a[2,3]; //定义说明 a
…
extern float a; //引用说明 a
…
```

同一标识符 a 在程序中即作为引用说明,也作为定义说明。按编译过程,符号表首行先建立标识符 a 的属性是 2×3 个整型元素的数组,而后在分析第二个说明时标识符属性是浮点型简单变量。通过符号表的检查可发现其不一致的错误。

6.1.3　作为目标代码生成阶段编译程序分配地址空间的依据

除了语言中规定的临时分配存储的变量外,每个符号变量在目标代码生成时都需要确定其在存储空间分配的位置(主要是相对位置)。根据符号表中关于符号和信息的说明,编译程序可以将符号表中的符号安排在不同的存储区域,如公共区、静态存储区、动态存储区等。对于处在同一区域中的符号,根据它们在语言程序中出现的先后顺序确定它们在某一区域中所处的具体位置。

6.2　符号表的主要内容

语言符号可分为关键字符号、操作符符号及标识符符号。它们之间的主要属性有较大的差别。因此通常为它们建立不同的符号表,但也有些编译程序将关键字符号和标识符符号建立在同一符号表中。

在整个编译期间,对于符号表的操作大致可归纳为五类:给定名字,查询名字是否已在表中;往表中填入一个新的名字;给定名字,访问它的某些信息;给定名字,填写或更新它的某些信息;删除一个或一组无用的项。

不同种类的符号表所涉及的操作往往也是不同的。上述五个方面只是一些基本的共同操作。在程序的编译过程中,符号名、类型、存储类别、作用域及可视性、存储分配信息等属性都是需要的,下面就来讨论这几个属性。

6.2.1　符号名

符号名即标识符,语言中的一个标识符可以是一个变量的名字、一个函数的名字或一个过程的名字。每个标识符的名字通常由若干个字符(非空格字符)组成的字符串来表达。符号名是一个变量、函数或过程的唯一标志,在符号表中,符号名作为表项之间的唯一区别是不允许重名的。符号名与它在符号表中的位置建立起一一对应的关系，这样，在使用时就可以用一个符号在表中的位置来替换该符号名了。

在语言定义中，程序中出现的重名标识符定义将按照该标识符在程序中的作用域和可视性规则进行相应的处理。而在符号表的运行过程中，表中的标识符始终是唯一的标志。

在一些允许重载操作的语言中，函数名、过程名是可以重名的，对于这类重载的标识符，要通过它们的参数个数和类型及函数返回值类型来区别，以达到它们在符号表中的唯一性。

6.2.2　符号的类型

标识符可以是一个变量、函数或过程的名字，除过程标识符之外，函数和变量标识符都具有数据类型属性。函数的数据类型指的是该函数值的数据类型。变量符号的类型属性决定了该变量的数据在存储空间的存储格式，还决定了在该变量上可以施加的运算操作。基本数据类型有整型、实型、字符型、逻辑型(布尔型)等。

随着程序设计语言的不断发展，语言中的变量类型也得到了扩充，很多语言在基本数据类型的基础上又定义了一些复合数据类型，如数组类型、记录类型、枚举类型等。

6.2.3　符号的存储类型

大多数语言对变量的存储类别定义采用两种方式：一种是用关键字指定，如在 C 语言中用 static 定义文件的静态存储变量或函数内部静态存储变量，而用 regist 定义寄存器存储变量；另一种方式是根据定义变量说明在程序中的位置来决定，如在 C 语言中，在函数体外采用默认存储类关键字所定义的变量是**外部变量**，即**公共存储变量**，而在函数体内采用默认存储类关键字所定义的变量是**内部变量**，即**私有存储变量**。

区别符号存储类别的属性是编译过程语义处理、检查和存储分配的重要依据。符号的这些类别还决定了符号变量的作用域、可视性和它的生命周期等。

6.2.4　符号的作用域及可视性

作用域是指一个符号变量在程序中起作用的范围。一般来说，定义该符号的位置及存储类关键字决定了该符号的作用域。

C 语言中，一个外部变量的作用域是整个程序，因此一个外部变量符号的定义在整个程序中只出现一次，同名变量的说明可以出现多次(为了编译的方便)；在函数外说明的定义静态变量的作用域是定义该静态变量的文件，而在函数内部定义的静态变量的作用域是该变量定义所在函数或过程。

一般来说，一个变量的作用域就是该变量可以出现的场合，也就是说在某个作用域范围内该变量是可以引用的，这就是**变量可视性的作用域规则**。下面两种情况可以影响一个变量的可视性，而不仅取决于变量的作用域。

(1)函数的形式参数

通常情况下，函数的形式参数作为函数的内部变量来进行处理，它可以和该函数外层定义的变量重名，这时两个重名的变量的类型定义可以是完全不同的，而该函数同时是这两个变量的作用域。为了避免在函数中对两个同名变量产生二义性，大多数语言中规定该函数中仅能引用作为该函数形式参数的那个变量。例如：

```
    float i;
    float func (i, j)
      int i;
      float j;
      {
      …
      …  i  …//引用 int i
      …
      }
```

在上述程序段中，float i 与 int i 重名，而在函数体中可以看到的 i 是 int i，float i 在函数中是看不到的。

(2) 复合语句分程序结构

当前常用的大多数程序设计语言中都具有复合语句分程序结构。所谓**分程序结构**，是指在一个函数中可以建立一个程序块，该程序块中有自己的说明部分和执行部分，在该程序块内部还可以定义层次的嵌套结构，即在程序块中建立其他程序块，每个程序块中都可以定义属于其自己的一组局部变量。

由于在分程序结构中允许不同层次变量的重名定义，这样便产生了变量的可视性问题，在某一层分程序中可看到的是在同名变量中定义在本层及以外各层中最内层定义的该变量。例如：

```
    …
    {int i;
    …
      { float i;
      …
        {
        …
        { char i;
          …
        }
        …
        …i…//引用 float i;
      }
    }
    }
```

在上述程序段中，在第三层引用的 i 既不是第四层的 char i 也不是第一层的 int i，而是第二层的 float i。也就是说，从第三层向外，看到的第一个定义 i 的变量定义即 float i。

为确立符号的作用域和可视性，符号表属性中除了需要符号的存储类别之外还需要该符号在程序结构上被定义的层次。无论是作为函数形参的定义还是作为分程序中的局部定义，都可以统一用定义层次来区分。

6.2.5 符号变量的存储分配信息

为变量分配存储区及在该区中的具体位置是由符号的存储类别定义和它们出现的位置和次序决定的。

通常一个编译程序有两类存储区：**静态存储区**和**动态存储区**。

（1）**静态存储区**

静态存储区单元在整个语言程序运行过程中是不可改变的，该存储区单元一经定义分配后就成为静态单元，存储在静态单元中的符号变量生命周期是整个程序运行过程。通常情况下公共变量和外部变量被指定分配到公共静态存储区中。

由于静态变量的生命周期是程序运行的全过程，因此编译程序可以设置一个固定的空间作为静态存储区。但由于不同的静态变量具有不同的可视性，编译程序也可以设置几个不同的固定空间作为静态存储区。

（2）**动态存储区**

动态存储区单元在程序的运行过程中是可以改变的，是动态的。局部变量一般都分配到动态存储区中，动态存储区随着这些局部变量的生存和消亡而动态变化。局部动态变量的生存期是定义该变量的局部范围，即在该定义范围之外此变量就没有存在的必要，及时地回收为这些局部变量所分配的单元，从而提高程序运行时的空间效率。

对变量存储分配的属性除了存储类别之外还有确定其所在存储区的具体位置的属性信息。通常在符号表中存放的具体位置的信息是按该变量的存储区类型及出现的先后顺序相对于该存储区表头的相对位移量来表示的。例如，对于下述程序段：

```
...
int a;
...
float b;
...
Struct  s { int d;
            float e;
            ...
          }c;
...
```

其中 a，b，c 是三个外部变量，d，e 是结构分量，则在符号表中，这 5 个变量项有关存储位置的属性信息如图 6-1 所示。

标识符		位置属性	
a		0	
b		4	
d		0	
e		4	
c		8	

图 6-1　符号表中变量分配相对位置属性的表示

外部变量 a，b，c 依次相对公共静态区头的相对位置分别是 0，4，8。注意这里 a 是整型量只需要 2 字节，但因为 b 是实型量，它本身需要 4 个字节，而且 b 的地址也必须是 4 的倍数的字节号。对于 c 来说，它是一个结构变量，其中占最大字节数的结构分量是 e，需要 4 字节，因此 c 必须也以 4 的倍数的字节号作为它的地址。

由于 d 和 e 是 s 的结构分量，其位置属性由结构 s 来决定，因此 d 和 e 的相对位移量分别是 0 和 4。

6.2.6　符号的其他属性

下面三个属性是符号表中表达标识符属性的重要信息。

（1）数组内情信息

在程序设计语言中，数组是一种重要的数据类型。在符号表中要描述数组的详细信息，这些详细信息就是数组的内情信息，包括数组类型、维数、各维的上/下界、数组首地址，这些属性信息是确定存储分配时数组所占空间的大小和数组元素位置的依据。

（2）结构型变量的成员信息

一个结构型变量是由若干成员组成的，每个成员还有它在结构变量中排列次序的属性信息，这两种信息用来确定结构型变量存储分配时所占空间的大小及确定该结构成员的位置。

（3）函数及过程的形参

函数和过程的形参作为该函数或过程的局部变量，是该函数或过程对外的接口，每个函数或过程的形参个数、形参的排列次序及每个形参的类型都体现了调用该函数或过程时的属性，它们都要反映在符号表的函数或过程的标识符表项中。这些形参的属性信息用于调用过程时的匹配处理和语义检查。

6.3　符号表的组织

在一个程序的编译过程中，符号表贯穿于词法语法分析、语义分析、代码生成的整个过程中，是连贯上下文进行语义检查、语义处理、生成代码和存储分配的主要依据。符号表的信息组织与符号表数据结构的安排直接关系到这些语义功能的实现和语义处理的时空效率，因此合理和高效地组织符号表的内容，以适应不同阶段的需要，是符号表设计时需要考虑的主要问题之一，下面从符号表的总体组织和符号表项的组织两方面来分别进行讨论。

6.3.1　符号表的总体组织

在程序设计语言中，不同符号的属性信息的种类不完全相同，但是差异的程度是不同的，如关键字的属性和变量符号的属性信息相差很大，变量符号的信息属性与函数或过程的属性也有较大的差别，而不同变量之间的属性信息差别相对就小一些，因此一个编译程序对于符号表的总体组织可以有下列三种选择。

（1）把属性种类完全相同的那些符号组织在一起，这样构造出的多个符号表的表项是等长的。

（2）把所有语言中的符号都组织在一张符号表中，组成一张包括了所有属性的庞大的符号表。

（3）根据符号属性相似程度分类组织成若干张表，每张表中记录的符号都有比较多的相同属性。

下面通过一个例子来说明这三种组织方法。

假设有下列三类符号及其属性：

| 第一类符号 | 属性1 | 属性2 | 属性3 |

| 第二类符号 | 属性1 | 属性2 | 属性4 |

| 第三类符号 | 属性2 | 属性5 | 属性6 |

第一种组织方法得到三张符号表，分别对应每一类符号，如图 6-2 所示。

符号	属性值1	属性2	属性值3
...	...	...	...

符号	属性值1	属性值2	属性值4
...	...	...	...

符号	属性值2	属性值5	属性值6
...	...	...	...

图 6-2　按属性分类组织的符号表

这种组织的最大优点是每个符号表的属性个数和结构完全相同，并且表项中的每个属性栏都是有效的。对于单个符号表示来说，这样使得管理方便一致，空间效率高。这样组织的主要缺点是一个编译程序将同时管理若干个符号表，对各类符号共同属性的管理必须设置重复的运行机制，增加了总体管理的工作量和复杂度，使得符号表的管理比较臃肿。

第二种组织方法得到一张符号表，如图 6-3 所示。

符号	属性值1	属性值2	属性值3	属性值4	属性值5	属性值6
...	...	...	...	...	...	...

图 6-3　单一组织的符号表

这种组织方式的最大优点是总体管理非常集中单一，且不同种类符号的共同属性可一致地管理和处理。这样组织所带来的缺点是，由于属性不同，为完整表达各类符号的全部属性必将出现不等长的表项，以及表项中属性位置交错重叠的复杂情况，这就极大地增加了符号表管理的复杂度。为使表项等长且实现属性位置的唯一性，可以把所有符号的可能属性都作为符号表项属性。这种组织方法可以降低符号表管理复杂性，但对于某个具体符号，增加了无用的属性空间，从而增加了空间开销。

第三种方式是前两种方法的折中，根据这种方式组织这三类符号可以得到两张表，一、二类符号共用一个符号表，第三类符号用一个符号表，如图 6-4 所示。

符号	属性值1	属性值2	属性值3	属性值4
...	...	...	...	...

符号	属性值2	属性值5	属性值6
...	...	...	...

图 6-4　折中方式组织的符号表

这种折中的组织方式在管理复杂性和时空效率方面都取得了折中的效果，并且对复杂性和效率的取舍可由设计者根据自己的经验和要求及系统的客观环境和需求进行选择和调整。

在图 6-4 中可以看出，在第一、二类符号的符号表中，对第一类符号来说，其中的"属性值 4"栏是冗余的，而对第二类符号来说，"属性值 3"栏是冗余的。对于这样的情况，可以采用多态方式的合并，把"属性值 3"和"属性值 4"两栏合并用"属性值 34"来替换，形成复合组织的符号表，这在 C 语言中可用 UNION 来实现。当该表项符号属第一类时，"属性值 34"中收集的是"属性值 3"的值；若表项的符号是第二类符号，"属性值 34"中收集的是"属性值 4"的值，如图 6-5 所示。

符号	属性值1	属性值2	属性值34
...	...	...	...

图 6-5　属性复合组织的符号表

这样的组织结构会增加符号表管理和运行的复杂性，但减少了空间开销。

在这三种方法中，第一种组织方法符号表分得太散，符号表的管理和运行中增加了很大工作量，在实际的语言编译程序中很少采用这种组织方式。第二种组织方式使符号完全集中，因而对符号表的管理也集中，但是将属性值相差很大的符号组织在一张表中时，必然使表的结构及相应的表处理增加了复杂度，在实际的语言编译程序中也很少采用这种组织方式。大多数编译系统采用第三种符号表组织方法，这是上述两种组织方式的折中。

由于程序设计语言对源程序大小一般不做任何限制，符号表中存放的符号的个数原则上也是无限的，符号表的存储空间无论开设多大，都有溢出的可能。因此，符号表的空间存储应该是可以动态扩充的。

6.3.2　符号表项的组织

在编译程序中，符号表项的组织传统上采用三种构造方法：**线性法、有序法**和**散列法**。

1．线性组织

最简单和最容易实现符号表的数据结构是**线性表**。线性表中的每一项的先后顺序可以按先来先服务的原则排列。可以将线性表表示为一个数组，也可以表示为一个单链表。为了正确反映名字的作用域，线性表应具有栈的性质，即符号的加入和删除均在线性表的一端进行。

例如：有 C 语言程序段如下：

```
{  int c=0; int a=0;
       …
   { float bi=1;
        …
    {  int ex=2;  int d=3;
         …
      {  int c=3;  d=4;
      }
         …
    }
      …
  }
      …
}
```

在上述程序段中，符号出现的顺序是 c、a、bi、ex、d，因此在线性组织的符号表中表项排列如图 6-6 所示。

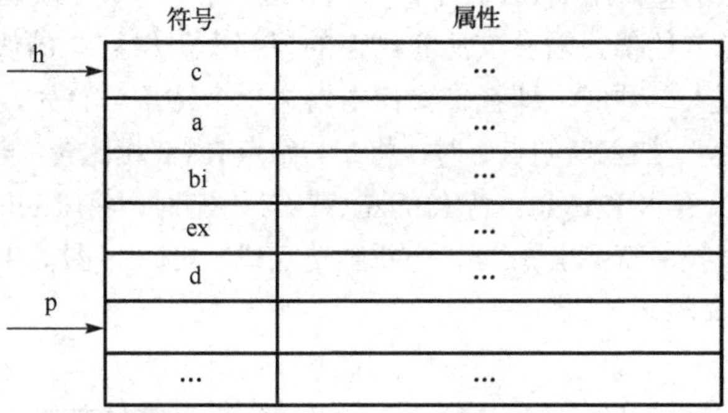

图 6-6　线性组织的符号表

其中 h 表示该符号表的表头，是表的开始位置；p 表示该符号表的表项，是符号表当前的结束位置。在编译程序工作过程中，扫描得到的新符号总是登录到 p 的位置，而 p 又取下一新位置，编译程序开始工作时 p 处于 h 表头位置。这种组织方式管理简单但运行效率低，特别是当表项数目较大后效率更低。由于它没有空白项，因此存储空间效率高，但对于符号个数不确定的情况，无法事先确定该符号表的总长度。对于事先能确定符号个数且符号个数不大（公认为小于 20 个）的情况，采用线性表组织是非常合适的。

2．有序组织和二叉树

为了提高符号表在使用过程中的查找速度，可以考虑采用有序组织的方式来组织符号表项，即将名字栏按名字的大小顺序排列，符号表中的表项按符号的代码串的值（可以看成一个整数值）的大小从小到大或从大到小排列。对上述例子中的符号出现情况按有序组织得到的符号表如图 6-7 所示。

编译扫描的次序是 c、a、bi、ex、d，由于 a、bi 代码小于 c 代码，因此 a、bi 应在 c 表项之前。关于有序表的表项建立及符号查找，通常采用"二分法"。有序表的空间组织和存储开销与线性表基本相同，但有序表的运行效率要比线性表高。对于一个边填写边引用的符号表，每填进一项就引起表中内容重新排序，排序本身也花费了时间和空间，算法复杂性比线性表高。

图 6-7　有序组织的符号表

有序表有很多变体结构方式，比较典型的是二叉树结构。在二叉树结构中，令符号表的每一项为一个结点 P，每个结点左右两个分支，分别用指针 P.Left 和 P.Right 来表示，符号表名称栏的内容作为结点的值，用 P.Val 表示，如图 6-8 所示。组成二叉树的原则是：左分支所有结点的值都大于结点 P 的值，右分支所有结点的值都小于结点 P 的值。

每当向符号表中填入一项时，即在二叉树中增加一个结点。首先，令符号表第一个为根结点 R，其左右指针为空，加入新结点 k 时，将 k 与结点 R.val 相比较，若 k 大于 R，则 k 存入R.left；若 k 小于 R，则 k 存入 R.right。若 R 的左（或右）不空时，将 R.left（或 R.right）作为根结点，继续按上述规则查找，直到 k 成为一个新叶结点成功插入。图 6-9 表示了由 4 个标识符ix，bt，a，j 组成的二叉树。

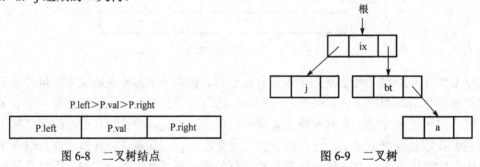

图 6-8　二叉树结点　　　　　　　图 6-9　二叉树

在随机的情况下，二叉排序树的平均查找长度为 $1+4\log_2 n$，在查找时大大减少了符号排序的时间，并且每查找一项所需比较次数仍和 $\log_2 n$ 成比例，所以是一种比较好的、实用的符号表组织方法。

3. 散列组织

为了提高符号表的查找效率，可以将线性表化整为零，分成 m 个子线性表，简称子表。构造一个散列函数，使符号表中元素均匀地散布在这 m 个子表中。

散列表的结构如图 6-10 所示。

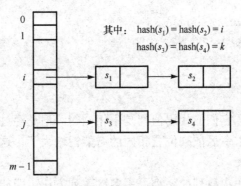

$$\text{其中：} \quad hash(s_1) = hash(s_2) = i$$
$$hash(s_3) = hash(s_4) = k$$

图 6-10　散列表的结构

m 个子表的表头构成一个表头数组，它以散列函数的值(hash 值)为下标，每个子表的组织与上述线性表相同。具有相同 hash 值的结点被散列在相同子表中，连接子表的链称为散列链。如果散列均匀，则时间复杂度会降到原线性表的 $1/m$。

一个符号在散列表中的位置是由对该符号(即字符代码串)进行某种函数操作(通常称为"**杂凑函数**")所得到的函数值来确定的。所得到的函数值与该表项在表中位置的对应关系，是通过对函数值的"求整"及相对于表长的"求余"得到的。符号表的散列组织相对来说具有较高的运行效率，因而绝大多数编译程序中的符号表采用散列组织。为了提高效率、降低算法复杂度，杂凑函数通常采用整数操作。目前编译程序中，一般采用对符号代码的位操作作为杂凑函数，见得最多的是符号代码的字符段叠加或加权叠加及符号代码的对折或多折等位操作。

杂凑函数的选取是构造散列表的关键，符号表中杂凑函数的计算，要考虑符号表中名字的特性，源程序中往往会出现很多接近的且具有相同前缀或后缀的名字。例如，一个(设计不好的)源程序中可能出现 300 个如下的名字：

```
V001, V002, V003,…, V300
```

如果杂凑函数设计得不合适，如取字符串的前缀或后缀作为杂凑函数等，则可能使得名字集中在某些散列地址上，从而降低散列表的性能。一般情况下，符号表中的杂凑函数可按如下方法处理：

(1)根据串 s 中的 $c1$，$c2$，$\cdots$，ck 字符确定正整数 h。h 的计算可以简单地采用各字符的整数值相加，或者取 $h_0 = 0$, $h_i = \alpha h_{i-1} + c_i$, $1 \leq i \leq k$, $h = h_k$。$\alpha = 1$ 时就是简单相加的情况，更一般的是令 α 为一个大小合适的素数，如 $\alpha = 65599$。

(2)把上面确定的整数 h 变换成 $0 \sim m_1$ 之间的整数，直接除以 m 然后取余数。m 一般应为素数。

下面是一个现成的散列函数，它用于 P. J. Weinberger 的 C 编译器。

```
#define PRIME 211
#define EOS '\0'
int hashpjw(s)
char * s;
( char * p;   unsigned h = 0,  g;
```

```
for ( p=s; *p !=EOS; p = p+1 ) {
  h = (h<<4)+(*p);
  if (g = h&0xf0000000) {
    h = h^(g>>24);  h = h^g; }
}
return h%PRIME;
}
```

为区分语言中的符号，它们的代码值都是不相同的。但是经过杂凑运算后，就有可能得到相同的杂凑值，对表长求余后散列位置相同的可能性增大了。这种不同符号散列到同一表项位置的现象称为散列冲突。

大多数编译程序中，解决散列冲突都采用多次散列方法，即从冲突点位置向下寻找空表项，找到的第一个空表项即为发生冲突的符号所散列的位置。若一直到表底都没有找到空表项，则循环从表头开始寻找空表项，若一直到冲突点仍没有空表项，则说明该语言程序中的符号太多，符号表已不能容纳全部符号，这时编译程序将发出符号表溢出的系统出错消息。

6.4　符号表的管理

符号表的管理贯穿整个编译过程，既涉及前端也涉及后端，尤其与后端的存储空间分配有密切联系。符号表的内容一般仅在编译时使用，如果名字的具体信息需要在运行时确定或使用，则符号表的部分内容还要保留到运行时，如动态数组和跟踪调试信息等。

在编译程序工作过程中，符号表是主要的数据结构，它有建立、插入、查找和删除几种基本操作。由于符号表结构的不同而差别很大，因此研究符号表的建立和查找实质上是对不同组织策略的研究和对不同结构效率的分析。

下面就从符号表的初始化、插入和查找几个方面来研究符号表的管理。

6.4.1　符号表的初始化

符号表的初始化就是在对语言程序开始编译的时刻建立符号表的初始状态。首先要非常清楚地知道，在编译过程中某个时刻，符号表的状态反映了该时刻被编译的语言程序正被编译的位置的状态。具体来说，主要是反映了在该时刻语言程序中可视标识符的状态。

采用不同组织方法的符号表需要不同的初始化方法。编译开始时符号表的状态应该是没有任何可视标识符的状态，反映这种状态的方式通常有以下两种。

1．表长渐增变化

线性组织和有序组织的符号表，其表的长度(反映已插入表项个数)在编译开始时通常为0，而随着符号的逐步插入，表长增长。按这类方法组织的符号表，其初始化方法只需将表尾推向表头即可。如图 6-11 所示，表示该符号表中还没有任何表项。

2．表长确定不变

散列组织的符号表，其表长通常是确定的，这种散列表的表长确定的说法是相对于那种随着表项增加而渐增地变化而言的，这时的表长并不反映已插入的表项个数。符号表中是否已有表项插入取决于该符号表中是否存在已有表项值的表项。因此对这类符号表进行初始化时，需要将表中全部表项值清除。由于通常表示表项值的关键因素是插入标识符的符号栏(也可能是指向符号的指针)，因此在清除表项值时，实际上可仅清除符号栏。图 6-12 表示这类符号表初始化的状态。为了提高编译程序的处理能力，在某些编译程序中也采用了可扩展表长的散列表组织。为了缓解散列冲突，在散列堆聚严重的位置，另开辟解决冲突的表项或增加主表的长度。但通常这种方式的扩充不是一个一个表项地增加而是根据情况一组一组地增加。增加的表项时必须首先清除其表项值。

图 6-11　表长渐增符号表初态

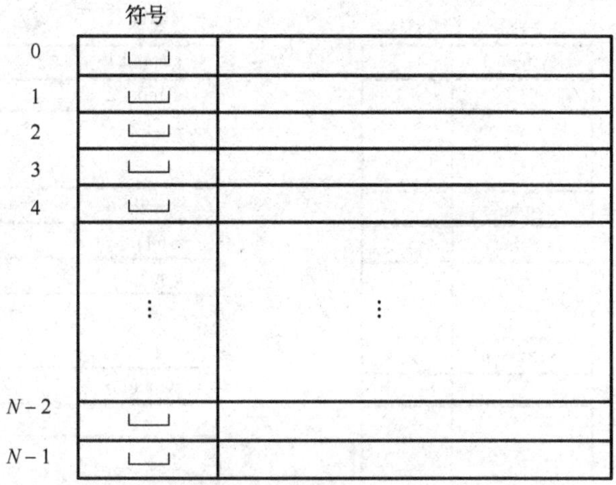

符号

| 0 |
| 1 |
| 2 |
| 3 |
| 4 |

⋮

| N − 2 |
| N − 1 |

图 6-12　初始化状态

6.4.2　符号的插入

当编译程序从语言程序中获得一个标识符符号并确定该符号在符号表中尚不存在时，就要将此符号插入到符号表中。

插入符号到符号表中，首先要确定插入的位置。对于线性组织和有序组织的符号表，首先要在符号表中创立一个新的表项，通常该表的尾指针指向的表项作为新创建的表项，而尾指针推向下一个备用表项。

对于线性组织的符号表，该新创建的表项就是插入符号的表项。图 6-13 表示插入新符号 Symbol i 前后的情况。

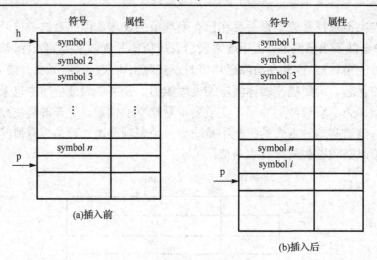

图 6-13　线性符号表插入前后

对于有序组织的符号表，在创建了新的表项后，根据插入符号在符号表中按词典排序所确定的位置，把该位置以后的所有原表项下移一个表项的位置，然后在选定位置插入新符号。图 6-14 表示插入新符号 symbol k 的前后情况。

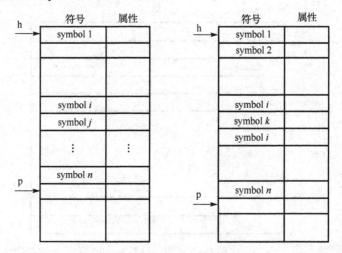

插入符号symbol k
symbol i＜symbol k≤symbol j

图 6-14　有序符号表插入前后

对于散列表，新符号的插入通过杂凑算法决定插入表项的位置。一个符号表项的插入，最基本的是该符号名字的插入，除此之外还有关于该名字的属性的插入。名字属性取决于编译程序获得某个符号时编译所处的程序扫描点的状态。

下例中符号 a 的属性取决于编译程序扫描到"a[n][m],"时的有关状态。

```
   ...
   func(x,y)
   {  ...
      struct s {  ...
```

```
        int a[n][m];…
        float b;
        } t;
    }
    …
```

编译程序在 int a[n][m]处得到一个标识符号 a，当时程序处理的状态决定了符号 a 的如下一些属性。

(1)类型属性

当前类型状态是 int 决定了 a 的类型属性是整型。

(2)存储类别属性

当前存储状态是在函数内部，是局部变量，决定了 a 的存储属性是动态存储区(即 auto)。

(3)符号作用域属性

当前是在函数内部作用域中，由 func 函数层次决定了 a 的分程序级别 level=1(外层 level=0)。

(4)存储分配属性

① 结构成员属性：a 是结构 s 的成员，是 t 结构体变量的成员变量。其存储分配属性是成员变量 a 在结构体变量 t 中的相对位移量。

② 由于 t 结构体变量是函数 func 中的 auto 变量，因而 t 的存储分配属性又是函数 func 动态工作区中的相对位移量。

(5)数组内情信息属性

变量 a 是一个二维整型数组，具有 $n×m$ 个元素。

符号属性除了上述这些属性在扫描到该符号时就已具备，并可立即插入之外，还有些符号的属性需要在以后的语法分析过程中逐步获得并插入。例如，常量定义要在定义的常数表达式计算完成后，才能把其值填入该常量符号项的属性中。其他如结构量的值域尺寸、各种属性链(函数形参链、结构成员链等)的指针都是在编译过程中逐步插入的。

6.4.3　符号的查找

每当编译程序从语言源程序获得一个符号，首先要确定该符号的类别，根据类别分别在相应的符号表中进行查找。

通常先在保留字表和运算符表中查找该符号是否为保留字或运算符，若是，则相应地把该符号转换为保留字或运算符的内部代码；若不是，则在标识符表中进行查找。若在标识符表中查到同名符号，则表示该符号已在符号表中登录，若查不到，则表示该符号是一个新的需要插入的符号。

查找符号表的目的是建立或确认该符号的语义属性。对查到的符号来说，可获得该符号已插入的语义属性，从而进行语义上下文检查，并在某些情况下插入该符号的新属性内容。对于没查到的符号，则进行符号及其属性的插入。

符号表的查找算法与该符号表的组织方法密切相关。线性组织可用顺序查找、有序组织可用折半查找、散列组织可用杂凑查找算法实现符号表的查找。

6.5 小　结

本章主要介绍了符号表在编译过程中的地位和重要作用、符号的主要属性和作用、符号表的组织和管理。

符号表的作用主要是收集标识符属性信息、为上下文语义的合法性检查提供依据并作为目标代码生成阶段编译程序分配地址空间的依据。

符号的主要属性包括符号名字、数据类型、存储类型、作用域、可视性及符号变量的存储信息等。标识符的数据类型通过类型声明来定义(默认除外)，而标识符的存储类别不但取决于存储类别声明，还取决于该标识符声明在程序构造中的位置。符号的作用域关系到标识符的生存期，符号的可视性关系到标识的可引用性。两者密切相关，但又不完全相同。

符号表总体组织的选择应考虑语言文本的复杂性(包括词法结构、语法结构的复杂性)，还应考虑到对编译系统在时间效率和空间效率等方面的要求。主要有以下三种常用的组织方式。

第一种：把属性种类完全相同的那些符号组织在一起，这样构造出的多个符号表的表项是等长的。

第二种：把所有语言中的符号都组织在一张符号表中，组成一张包括了所有属性的庞大的符号表。

第三种：根据符号属性相似程度分类组织成若干张表，每张表中记录的符号都有比较多的相同属性。

比较常见的符号表表项的组织方式有线性组织、有序组织和散列组织，其中比较常用的是散列组织方式，散列组织采用杂凑算法来进行符号表的组织。

复习思考题

1．选择题

(1)在编译过程中，符号表的主要作用是_____。

　　A．帮助错误处理　　　　　　　　B．辅助语法错误检查

　　C．辅助上下文语义正确性检查　　D．辅助目标代码生成

(2)符号表的查找一般可以使用_____。

　　A．顺序查找　　　B．折半查找　　　C．杂凑查找　　　D．排序查找

2．判断题

(1)通常一个编译程序有静态存储区和动态存储区两类存储区。

(2)在符号表中，符号名是表项之间的唯一区别，不允许重名。

(3)名字就是标识符，标识符就是名字。

3．简答题

(1)符号表的常用组织方式有哪几种？

(2)符号表的主要内容及其作用是什么？

(3)符号表的总体组织方式有几种？分别是什么？试述各种组织方式的优缺点。

(4)如何建立和查找符号表？

(5)对符号表的基本操作有几种，分别是什么？

第 7 章　运行时的存储组织与分配

学习目标

正确理解目标程序运行时存储空间的使用和组织管理方式。

学习要求

● 掌握：静态分配和动态分配的基本思想；熟练掌握栈式存储分配和静态存储分配策略。
● 了解：了解嵌套过程语言的栈式实现。

本章首先介绍目标程序运行时存储器的组织、管理和分配问题，然后介绍静态分配策略、栈式分配策略与堆式分配策略。

7.1　存储组织概述

编译程序的最终目的是将源程序翻译为等价的目标程序。在前几章中已经实现了将用户源程序变换成中间代码，这部分仅取决于源语言的特性，与目标（汇编或机器）语言、目标机器、操作系统的特性完全无关。其实，编译程序还必须为源程序中所出现的数据量（常量、变量及数组等）分配运行时的存储空间。其分配方案选择得是否得当，将关系到资源的合理使用，从而会影响到程序的运行效率。

在程序执行的过程中，程序中数据的存取是通过访问与之对应的存储单元来实现的。在程序语言中，程序使用的存储单元都是由标识符来表示的。它们对应的内存地址都是由编译程序在编译时或由其生成的目标程序运行时进行分配的，所以对于编译程序来说存储组织与管理是一个复杂而又十分重要的问题。

不同的编译程序关于数据空间的存储空间分配策略可能不同。存储空间分配策略有**静态分配策略**与**动态分配策略**两类。动态分配策略又有**栈式分配策略**与**堆式分配策略**两种。**静态分配策略**适合无动态申请内存、无可变体积数组、无递归调用的程序。在编译时对所有对象分配固定的存储单元，且在运行时保持不变。动态存储分配适用面广，是目前最常用的分配方案。**栈式动态分配**策略在运行时把存储器作为一个栈进行管理，运行时，每当调用一个过程，它所需要的存储空间就动态地分配于栈顶，一旦退出，它所占的空间就予以释放。**堆式动态存储**策略在运行时把存储器组织成堆结构，以便用户关于存储空间的申请与归还（回收），即给运行的程序划分一个大的存储区（称为堆），每当需要时可从堆中分得一块，用过之后再退还给堆。如果说栈式分配很好地解决了过程的递归调用等问题，那么堆式分配则解决了程序运行时动态申请存储空间等问题。

7.1.1　运行时内存的划分

目标代码生成之前，需要由编译程序为其向操作系统申请一块存储区，用于容纳生成的目标代码及其运行时所需的数据空间。数据空间主要包括：用户定义的各种类型的数据对象所需的存储空间；用于保留中间结果和传递参数的临时变量所需存储空间；过程调用时所需的控制信息，以及输入/输出所需的缓冲区。系统为目标程序分配的存储空间按用途可划分为下面几个部分：目标程序(code)区、静态数据(static data)区、运行栈(stack)区、堆(heap)区，各部分的功能如下：

(1) 目标程序区用来存放所生成的目标程序；

(2) 静态数据区用来存放编译程序本身就可以确定占用存储空间大小的数据；

(3) 在运行时才能分配存储空间的数据就分配在运行栈区；

(4) 堆区供用户动态申请存储空间。

这几部分之间的关系如图 7-1 所示。当然，并不是所有语言的实现都需要这些区域。

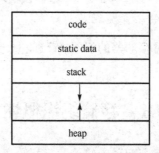

图 7-1   运行时存储的划分

即目标程序区用于存放目标程序代码，这部分的长度是固定的，即编译时能确定的。静态数据区，用于存放可分配绝对地址的数据和变量(如静态变量和全称变量)，以及编译时可确定占用存储空间大小的数据。运行栈区是在运行时才能分配存储空间的数据区。堆区用于用户动态申请存储空间。运行栈区和堆区用于存放程序中变量的值和过程代码被中断时的中断现场内容。运行栈区和堆区之间没有事先划好的界线，当目标代码运行时，运行栈区指针和堆区指针不断变化，并朝着对方方向不断增长；这两个区相交，则表示堆-栈区空间已满。

由于编译程序所生成的目标代码的长度在编译时就能确定，因此可以把它放在一个静态确定的区域内。同样，若一些数据对象的大小在编译时是已知的，那么它们也可以放入静态确定的存储区域内。应尽可能多地对数据对象进行静态分配，以缩短运行时间。例如，Fortran中的所有数据对象都可以进行静态分配。

像 Pascal 和 C 之类语言的实现，则宜使用扩充的栈来管理过程的活动(将一个过程的每一次执行称为这个过程的一次活动)。当出现一个过程调用时，当前正执行的活动将被打断，有关机器状态的信息(如程序计数器的值、返回地址和机器各寄存器的值)应存入栈中。而当控制从一个被调用过程返回时，在恢复了有关寄存器和程序计数器的值之后，被中断的活动将从断点继续执行。Pascal 和 C 语言允许数据存储空间在程序控制之下进行分配，这种数据的存储空间可以从堆中得到。

栈和堆可用空白区的大小将随程序的执行而变化。在图 7-1 中，显示了栈和堆共用一空白存储区，并在使用过程中相互迎面地进行调剂。由于 Pascal 和 C 既存在过程的递归调用又允许动态申请空间，所以这类语言同时需要运行时的栈和堆。

7.1.2　过程活动记录

1．过程

在源程序中，**过程**(procedure)定义是一个声明，其最简单的形式是一个标识符和一段语句，标识符是**过程名**，语句是**过程体**。过程定义中包含具有特殊意义的名字，称为该过程的形式参数(简称形参)。在许多语言中，还将过程叫作**函数**。

当过程名出现在可执行语句里时，称该过程在这一点被**调用**。过程调用就是执行被调用过程的过程体。过程调用也可以出现在表达式中，这时也叫作**函数调用**。出现在过程定义中的某些名字是特殊的，它们被称为该过程的**形式参数**(或形参)(C 语言称它们为形式变元，Fortran 语言称它们为哑变元)。称为实在参数(或实参)的变元传递给被调用过程，它们取代过程体中的形式参数。

一个过程的**活动**指的是该过程的一次执行。**活动的生存期**是指过程 p 的一个活动的生存期，是从执行 p 过程体第一步操作到最后一步操作之间的时间。即过程 p 的一个活动的**生存期**是从过程体开始执行到执行结束的时间，包括消耗在执行被 p 调用的过程的时间，以及再由这样的过程调用过程所花的时间等。

2．名字的作用域和绑定

名字的作用域和绑定(见图 7-2)，一个声明起作用的程序部分称为该声明名的作用域。在程序设计语言中，通常用环境(environment)和状态(state)表示变量名到值的映射。**环境**表示将名字(name)映射到存储单元(storage)的函数，**状态**表示将存储单元映射到它所保存的值(value)的函数。环境把名字映射到左值(变量所代表的内容在内存中存放的地址)，而状态把左值映射到右值(变量代表的内容)。如果环境将名字 x 映射到存储单元 s，我们就说 x 被绑定到 s。状态和环境是有区别的，赋值改变状态，但不改变环境。

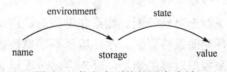

图 7-2　从名字到值的两步映射

一个过程的一次执行所需信息的管理是通过称为**活动记录**(Activation Record, AR)或帧(frame)的连续存储块来实现的。为了管理过程的一次活动所需要的信息，目标程序要在栈区中给被调过程分配一段连续的存储空间，以便存放该过程的局部变量值、控制信息和寄存器内容等，这段连续的存储空间为过程的活动记录，它由图 7-3 所示的各个域组成。

(1)临时变量区：用于存放目标程序临时变量的值。

(2)局部变量区：用于存放本次执行中的局部数据。

(3)形参变量区：用于存放调用过程提供的实在参数。

(4)返回值：用于存放被调用过程返回给调用过程的值。

(5)全局变量环境：为每个过程构造非局部变量的访问环境。

(6)机器状态：保存调用过程前的机器状态信息。

(7)过程层数：用于程序的非正常出口的处理。

(8) 返回地址：返回调用过程的过程体。

(9) 动态链指针：用于指向调用者的活动记录。

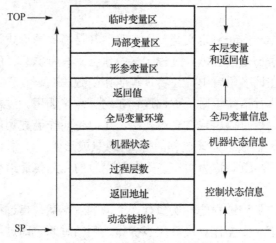

图 7-3 活动记录 AR 的结构

当一个过程被调用时，就把其活动记录 AR 压入运行时存储栈顶，返回时弹出。每个活动记录都可以分为定长部分和可变部分。定长部分用于存放在编译时就能确定其体积的量，如简单变量、常界数组等；可变部分适用于存放只有在运行时才能确定其体积的量，如可变数组等。虽然可变数组的体积在动态运行时才能确定，但其地址的访问在编译时就可以确定，即通过活动记录的首地址+偏移量来访问。因为与它的体积有关的信息（如内情向量）是在定长部分存放的。

7.2　静态存储分配

最简单的存储分配策略是**静态存储分配**。如果在编译时就能确定一个程序在运行时所需的存储空间的大小，且在执行期间保持固定，则在编译期间就可以安排好目标程序运行时的全部数据空间，并能确定每个数据对象的地址。静态存储分配适合无动态申请内存、无可变体积数组、无递归调用的程序，如 Fortran 和 Basic 等。在编译时为所有数据对象分配固定的存储单元，且在运行时始终保持不变。

在静态分配中，名字在程序被编译时绑定到存储单元，不需要运行时的任何支持。因为运行时不会改变绑定，即这种绑定的生存期是程序的整个运行时间，因此一个过程每次被激活时，它的名字都绑定到同样的存储单元。这种性质允许变量的值在过程停止后仍然保持，因而当控制再次进入该过程时，局部变量的值和控制与上一次离开时的一样。

对于静态分配来说，每个活动记录的大小是固定的，并且通常用相对于活动记录一端的偏移来表示数据的相对地址。编译器最后必须确定活动记录区域在目标程序中的位置，如相对于目标代码的位置。一旦这一点确定下来，每个活动记录的位置及活动记录中每个名字的存储位置也就都固定了，所以编译时在目标代码中能填上所要操作的数据对象的地址。同时，过程调用时保存信息的地址在编译时也是已知的。

静态分配给语言带来了如下一些限制：

（1）递归过程不被允许，因为一个过程的所有活动使用同一个活动记录，也就是使用同样的局部名字的绑定。

（2）由于数据对象的长度和它在内存中位置固定的限制，因而必须在编译时对象的长度和它在内存中的位置已确定下来。

（3）数据结构不能动态建立，因为没有运行时的存储分配机制。

7.3　栈式动态存储分配

在允许递归调用且每次调用都要重新分配局部变量的语言中，编译程序不能静态地分配活动记录。对于这种语言，应该采用栈式存储分配。其分配策略是将整个存储空间设计成一个栈，每当调用一个过程就将它的活动记录压入栈，在栈顶形成过程工作时的数据区，当过程结束时再将其活动记录弹出栈。在这种分配方式下，每个过程都可能有若干个不同的活动记录，每个活动记录代表了一次不同的调用。

7.3.1　栈的结构

从逻辑上说，**栈**是一个后进先出（Last In First Out，LIFO）的线性结构。允许插入和删除的一端称为**栈顶**（top），另一端位置不变，称为**栈底**（bottom）。它有三个特点：

（1）数据只能从栈顶一端插入和删除；

（2）对栈的插入与删除操作中，不改变栈底的指针；

（3）栈具有记忆作用。

例如，假定有三个数据 a、b、c，它们按 a、b、c 的次序依次进栈，且每个元素只允许进一次栈，而出栈可随时进行。所以，可能的出栈次序有 abc、acb、bac、bca、cba，而不能是 cab。

7.3.2　活动树和简单的栈式存储分配

1. 活动树

活动树是由活动构成的一棵树，用来描述控制进入和离开活动的途径，其中：

（1）树中的每个结点代表一个活动；

（2）树的根结点是程序的主过程（函数）的活动；

（3）在树中若 b 为 a 的儿子结点，则必有 a 活动调用了 b 活动；

（4）在树中若 a 为 b 的左兄弟结点，则必有 a 活动先于 b 活动执行。

【例 7-1】　画出下面一段程序的活动树。

```
program aaa;
    ……
    procedure B(s1,s2); begin … end;
    procedure D(s3,s4); begin … end;
    procedure C(s5,s6);
        begin B(s5,s6); D(s5,s6) end;
    procedure A(s7,s8);
```

```
        begin B(s7,s8); C(s7,s8) end;
begin
        A(a1,a2);
        ......
end.
```

上述程序的活动树如图 7-4 所示。

活动树能够反映活动记录在栈中的变化。

2. 简单的栈式存储分配

首先考虑一种简单程序语言的实现，这种语言没有分程序结构，过程的定义不允许嵌套，但允许过程的递归调用，允许过程含有可变数组。

C 和 ALGOL60 就是这样语言，它们不能静态地分配活动记录。因为只有到运行时才能知道可变数组的大小。允许过程递归和嵌套，每一次调用过程都需要为局部变量重新分配存储单元，因而无法计算它的各个数据对象运行时所需的单元数。

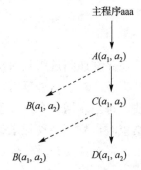

图 7-4　例 7-1 程序的活动树

这就要求必须以基于栈的方式来分配活动记录，即当进行一个新的过程调用时，在栈的顶部为该过程的活动记录分配空间，而当调用退出时则释放该活动记录占用的空间。

使用栈式存储分配时意味着在运行时把存储器作为一个栈进行管理,每调用一个过程(一个新的活动开始),就把它的活动记录 AR 压入栈(压入栈顶),从而形成过程工作时的数据区,当该过程执行完毕后再将其弹出栈。这样，它在栈顶的数据区也随即不复存在。

运行栈有两个指示器：活动记录基地址 SP 和栈顶地址 TOP，SP 总是指向现行过程活动记录的起点，用于访问局部数据。TOP 始终指向(已占用)栈顶单元，如图 7-5 所示。这两个指示器实际上是固定分配的两个变址器。因此，变量和形参运行时在栈上的绝对地址是：

绝对地址=活动记录基地址 SP+相对地址

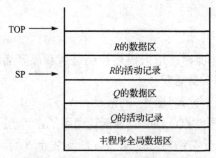

图 7-5　例 7-2 运行时的存储结构

【例 7-2】 下面程序是一段 C 语言程序。

```
main                /* 主函数(程序)*/
{
    ... ;           /* 全局变量的说明 */
    ... ;           /* 主程序执行语句 */
}
int R( )            /* 函数(过程)R */
```

```
{
    ... ;
}
int Q( )        /* 函数(过程)Q */
{
    ... ;
}
```

假定主程序调用了过程 Q，Q 又调用了过程 R，那么 R 投入运行后的存储结构如图 7-5 所示。

简单的栈式存储分配应该注意以下几点：

(1)活动记录的建立是按照调用的次序给出的，而非排列次序；

(2)栈顶活动记录数据区有两个指针 SP 和 TOP，SP 指向现行数据区起点，TOP 指向现行数据区顶点；

(3)从数据区中引出指向主程序数据区的箭头表示外部变量引用关系；

(4)过程中的局部变量(简单变量)的内存地址可表示为变址形式 x[SP]，其中 SP 为当前数据区首地址，用作变址值，x 称为相对位移量，也就是相对于活动记录起点的地址。这个相对数在编译时可完全确定下来。

7.3.3　嵌套过程语言的栈式实现

有些语言的过程定义允许嵌套和递归调用，如 Pascal 语言，其存储分配也采用栈式存储分配策略，只是它的活动记录中应增设一些内容用于解决对非局部变量的引用问题。

下面介绍非局部名字访问的实现。

由于过程的定义是嵌套的，一个过程可以引用包围它的任意过程所定义的变量或数组。也就是说，运行时，一个过程 Q 可能引用它的任意一个外层过程 P 的最新活动纪录中的某些数据(这些数据视为过程 Q 的非局部量)。为了在活动记录中查找非局部名字所对应的存储空间，过程 Q 运行时必须知道它所有外层过程的最新活动记录的地址。由于容许递归性，过程的活动记录的位置(即使是相对位置)也往往是变化的。因此，必须设法跟踪每个外层过程的最新活动记录的位置。跟踪的方法很多，本节讨论两种方法：一种是静态链跟踪方法；另一种是 Display 表跟踪方法。

1. 静态链跟踪方法

静态链是指向定义该过程的直接外层过程(或主程序)运行时最新数据段的基地址。

非局部变量 x 的地址的求法如下。

假设单元 p 中引用了单元 t 中的变量 x，且 p 和 t 的深度分别为 n_p 和 n_t。

设 $d=n_p-n_t$，将 x 约束于(d, offset)，问题的关键是找 t 的最新活动记录 D_t，而 D_t+offset 即为 x 的地址。

采用静态链的活动记录结构如图 7-6 所示。

由前面的分析可知，指针 SP 总是指向当前正在活动的过程的活动记录的基地址。动态链指向调用该过程前正在运行的过程的最新活动记录的基地址。因此，当过程调用结束返回时，利用动态链可以得到调用前的活动记录的基地址。而静态链是指向其静态直接外层的活动记录的基地址。**静态链也可以称为存储链或访问链，动态链也可以称为控制链**。

2. Display 表跟踪方法

Display 表是一个指针数组 d，在运行过程中，若当前活动过程的层数为 i，则它的 Display 表含有 $i+1$ 个单元。$d[i]$ 中存放当前的活动记录地址，$d[i-1]$，$d[i-2]$，…，$d[1]$，$d[0]$ 依次存放着当前活动的过程的直接外层直至最外层（主程序）过程的最新活动记录地址。通常，可把 Display 放在单独的栈区，也可以把它放在相关数据区的前面。为了便于组织存储区和简化处理手续，我们把 Display 作为活动记录的一部分，置于形式单元的上端。这样，活动记录结构如图 7-7 所示。

图 7-6　采用静态链的活动记录结构

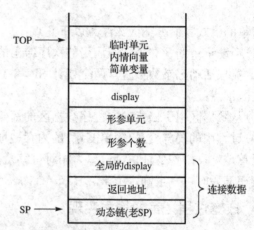

图 7-7　采用 Display 表的活动记录结构

当采用 Display 表跟踪方法时，过程的调用和调用结束都需要对 Display 表进行维护，当层数为 i 的过程活动记录在栈顶时，在新的活动记录中保存 $d[i]$ 的值，并置 $d[i]$ 指向新的活动记录。在一个活动结束前，$d[i]$ 置成保存的旧值。通过 Display 表访问非局部量要比沿着静态链访问非局部量的速度快，因为通过 Display 表的一个域可以确定任意外层活动记录的指针，再沿着这个指针便可找到处于外层活动记录的非局部量。

7.4　堆式动态存储分配

前面主要讨论了两种存储分配技术。静态存储分配要求在编译时能知道所有变量的存储要求，栈式存储分配技术要求必须在过程的入口处知道所有的存储要求。例如可变数组的体积在过程入口处已知，因而可以在过程运行之前分配空间。然而在遇到下面的情况时栈式分配策略行不通：

(1)过程活动停止后，局部名字的值还必须维持；

(2)被调用者的活动比调用者的活动活得更长。

一些语言中的某些数据结构不能完全满足上面两种分配策略（静态存储分配策略和栈式存储分配策略）。对于这些情况，可以采用堆式动态存储分配策略。堆式动态存储分配允许程序为变量在运行时动态申请和释放存储空间。堆式动态存储分配的基本思想是在系统中设置一个专用的全局存储区来满足这些数据的存储要求，这样的存储空间称为堆（Heap）。每当程序申请空间时，就从堆的空闲区找出一块空间分配给程序，释放时则回收。在 Pascal 中使用

new 和 dispose 申请和释放空间，C 语言中使用 malloc 和 free 申请和释放空间，在 C++中使用 new 和 delete 申请和释放空间。

堆式存储管理的实现是将存储空间划分为若干存储块，用户可随机地申请或释放一个或多个块。在存储空间中建立两个队列——空闲队列和忙队列，空闲队列拉成链，链首用 Free 指针指明，忙队列用一个记录表(已占用的块)记录各占用块的首地址及信息(也可用链进行记录)。申请时可按需要找到合适的块来分配它。释放时将该块插入到空闲队列(能合并时可合并)，并从占用记录表中删除相应的项。

堆式动态存储分配提供两个操作：分配操作和释放操作。

堆空间的管理策略有两种：定长块管理和变长块管理。

1. 定长块管理

堆式动态存储分配最简单的实现是按定长块进行。初始化时，将堆存储空间分成长度相等的若干块，每块中指定一个链域，按照邻块的顺序把所有块链成一个链表，用指针 available 指向链表中的第一块。

分配时每次都分配指针 available 所指的块，然后 available 指向相邻的下一块。归还时，把所归还的块插入链表。考虑到插入方便，可以把所归还的块插在 available 所指的块之前，然后 available 指向新归还的块。定长块管理实现起来比较方便，但内存的使用效率偏低。

2. 变长块管理

除了按定长块进行分配之外，还可以根据需要分配长度不同的存储块。按这种方法，初始化时存储空间是一个整块。按照用户的需要，分配时先从一个整块里分割出满足需要的一小块，归还时，如果新归还的块和现有的空间能合并，则合并成一块；如果不能和任何空闲块合并，则可以把空闲块链成一个链表。再进行分配时，从空闲块链表中找出满足需要的一块，或者整块分配出去，或者从该块上分割一小块分配出去。

若空闲块表中有若干个满足需要的空闲块，那么该分配哪一块呢？通常有三种不同的分配策略。不同的情况应采用不同的方法。通常在选择时需考虑下列因素：用户的要求、请求分配量的大小分布、分配和释放的频率及效率等。

(1)首次匹配法：只要在空闲块链表中找到满足需要的一块就进行分配。

(2)最优匹配法：将空闲块链表中一个不小于申请块且最接近于申请块的空闲块分配给用户。系统在分配前首先要对空闲块链表从头至尾扫描一遍，然后从中找出一块，为避免每次分配都要扫描整个链表，通常将空闲块链表空间从小到大排序。

(3)最差匹配法：将空闲块表中不小于申请块且最大的空闲块分配给用户。此时的空闲块链表按空闲块的大小从大到小排序。只需从链表中删除第一个结点，并将其中一部分分配给用户，而其他部分作为一个新的结点插入到空闲块表的适当位置上去。

这三种分配策略中，首次匹配法显然耗时最短。最优匹配法看起来比较合理，但是耗时较长，并且可能引起系统把存储区分成许多无法使用的碎片。最差匹配法由于每次都从内存中的最大空闲块开始分配，因此能够使空闲块趋于均匀。

此外，在堆式动态存储分配和管理中，还有减少碎片、垃圾回收空间释放等技术。

7.5 小 结

本章主要介绍目标程序运行时存储器的组织、管理和分配问题。

不同的编译程序关于数据空间的存储空间分配策略是不同的，分配策略方案选择得是否得当，将关系到资源的合理使用，从而影响到程序的运行效率。

系统为目标程序分配的存储空间按用途可划分为目标程序区、静态数据区、运行栈区和堆区。

过程定义是一个声明，其最简单的形式是一个标识符和一段语句。标识符是过程名，语句是**过程体**。过程定义中包含具有特殊意义的名字，称为该过程的**形式参数**（简称形参）。

一个过程的**活动**指的是该过程的一次执行。**活动的生存期**是指过程 p 的一个活动的生存期，是从执行 p 过程体第一步操作到最后一步操作之间的时间。

一个过程的一次执行所需信息的管理是通过称为**活动记录**（Activation Record，AR）或帧（frame）的连续存储块来实现的。它包括临时变量区、局部变量区、形参变量区、返回值、变量访问环境、机器状态、过程层数、返回地址和动态链指针等。

由活动构成的一棵树叫**活动树**，用来描述控制进入和离开活动的途径。

存储空间分配的策略有**静态分配策略**与**动态分配策略**两类。

静态分配策略适合无动态申请内存、无可变体积数组、无递归调用的程序。在编译时对所有对象分配固定的存储单元，且在运行是保持不变。

动态分配策略又有**栈式分配策略**与**堆式分配策略**两种。

栈式分配策略又有**简单的栈式存储分配策略**和**可嵌套过程语言的栈式存储分配策略**。

简单的栈式存储分配策略适合没有分程序结构、过程的定义不允许嵌套、过程可以递归调用、可含可变数组的简单的程序语言。

可嵌套过程语言的栈式存储分配策略适合可分程序结构、过程的定义允许嵌套、过程可以递归调用、可含可变数组的程序语言。其存储分配也采用栈式存储分配策略，只是它的活动记录中应增设一些内容用于解决对非局部变量的引用问题。

在嵌套过程语言的栈式实现中，跟踪每个外层过程的最新活动记录的位置。跟踪方法有**静态链**跟踪方法和 Display 表跟踪方法。

堆式动态存储分配策略允许程序为变量在运行时动态申请和释放存储空间。堆式动态存储分配提供两个操作：分配操作和释放操作。

堆空间的管理策略有两种：**定长块管理策略和变长块管理策略**。

定长块管理实现起来比较方便，但内存使用效率偏低；变长块管理通常有三种不同的分配策略：首次匹配法、最优匹配法和最差匹配法。

复习思考题

1．选择题

(1) 程序所需的数据空间在程序运行前就可以确定，称为_____管理技术。

   A．静态存储   B．动态存储

　　C．栈式存储　　　　　　　　　　　D．堆式存储

(2)在动态存储分配时，可以采用的分配方法有_____。

　　A．栈式动态存储分配　　　　　　　B．分时动态存储分配

　　C．堆式动态存储分配　　　　　　　D．最佳动态存储分配

(3)运行阶段的存储组织与管理的目的是_____。

　　A．提高编译的运行速度

　　B．为运行阶段的存储分配做准备及提高目标程序的运行速度

　　C．优化运行空间的管理

　　D．节省内存空间

(4)活动记录的连接数据不包含_____。

　　A．形参单元　　　　　　　　　　　B．老 SP

　　C．返回地址　　　　　　　　　　　D．全局 Display 地址

(5)在编译中，动态存储分配的含义是_____。

　　A．在运行阶段对源程序中的量进行存储分配

　　B．在编译阶段对源程序中的量进行存储分配

　　C．在说明阶段对源程序中的量进行存储分配

　　D．以上都不正确

(6)堆式动态分配申请和释放存储空间遵守_____原则。

　　A．先请先放　　　　　　　　　　　B．先请后放

　　C．后请先放　　　　　　　　　　　D．任意

2．简答题

(1)什么是过程活动记录？

(2)系统为目标程序分配的存储空间包含几部分，它们的作用是什么？

(3)常见的存储分配策略有哪些？叙述何时使用何种存储分配策略。

(4)变长块管理分配策略有哪些，各有什么特点？

第8章 代码优化

学习目标

正确理解代码优化的基本概念，掌握基本块的划分、局部优化和循环优化方法等。

学习要求

● 掌握：理解代码优化的定义；局部优化及循环优化。

● 了解：了解窥孔优化方法。

代码优化是指对源程序或中间代码进行的各种合理的等价变换，使得变换后的代码运行结果与变换前的代码运行结果相同，并可以使其运行速度加快（节省时间）或存储空间减少，或两者兼有之，即从变换后的程序出发能生成更有效的目标代码。在这一过程中，实施代码改进变换的编译器叫作**优化编译器**。

优化的目的在于节省时间和空间。节省时间是通过减少指令条数和降低运算强度等措施实现的。一个真正的优化需要花费很大的成本，需要采用多种优化技术，反复对程序进行迭代优化，直到程序不再有进一步的变化为止。

优化涉及的范围极广。从算法设计到目标代码生成的每个阶段都可以进行。同时，优化可在编译的各个阶段进行，最主要的优化有**中间代码优化**和**目标代码优化**。中间代码优化是在目标代码生成之前对语法分析后的中间代码进行等价变换，中间代码优化不依赖具体的计算机。目标代码优化是在生成目标代码时进行的，因为生成的目标代码对应于具体的计算机，因此这一类优化在很大程度上依赖于具体的机器。

优化的目的是产生更高效的代码。优化器在对程序进行优化时应该遵循如下原则。

(1)等价原则。经过优化后不应改变程序运行结果，优化不能改变程序的输入和输出，也不能引起更多的错误。

(2)有效原则。使优化后所产生的目标代码运行效率更高，占用的存储空间更少。

(3)合算原则。应尽可能以较低的代价取得较好的效果。

根据优化涉及的程序范围，优化分为**局部优化**、**循环优化**和**全局优化**。其中局部优化是指在只有一个入口、一个出口的基本块上进行的优化。**循环优化**是指对循环中的代码进行优化。**全局优化**是指在整个程序范围内进行的优化。

许多优化措施可以在局部范围内完成（局部优化），也可以在全局范围内完成（全局优化）。局部优化通常包括合并已知量、删除多余运算（删除公共子表达式）、复写传播、删除无用代码、利用代数恒等变换进行变换等方法。程序中大部分的时间都花在循环上，因此对循环的优化是最有效的，主要采取的对循环进行优化的方法有代码外提、强度削弱、删除归纳变量等方法。

本章主要介绍代码优化的主要技术和方法，具体介绍了局部优化和循环优化的技术和方法。

8.1 局 部 优 化

局部优化是指基本块内的优化。**基本块**是指程序中一个顺序执行的语句序列，其中只有一个入口语句和一个出口语句。执行时只能从入口语句进入，从出口语句退出。对于一个给定的程序，可以把它划分为一系列的基本块。在各个基本块范围内分别进行优化。

8.1.1 基本块的划分

在介绍基本块的构造之前，先定义基本块的入口语句，判定**入口语句**的规则(这里称为规则 1)是：

(1)程序的第一个语句；

(2)或者条件转移或无条件转移语句的转移目标语句；

(3)或者紧跟在条件转移语句后面的语句。

有了入口语句的概念之后，就可以给出划分中间代码(四元式程序)为基本块的算法，其基本步骤如下。

(1)求出四元式程序中各个基本块的入口语句。

(2)对每一入口语句，构造其所属的基本块。它是由该入口语句到下一个入口语句(不包括下一个入口语句)、一转移语句(包括该转移语句)或停止语句(包括该停止语句)之间的语句序列组成的。

(3)凡是未被纳入某一基本块的语句，都是不会被执行到的语句，可以把它们删除。

【例 8-1】 考察下面程序的三地址代码程序：

```
(1) read  X
(2) read  Y
(3) R:=X  mod  Y
(4) if  R=0  goto  (8)
(5) X:=Y
(6) Y:=R
(7) goto  (3)
(8) write  Y
(9) halt
```

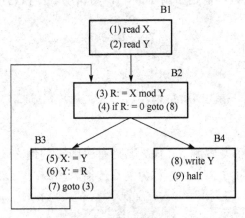

图 8-1 基本块划分

应用以上算法：由规则 1(1)，(1)是入口语句；由规则 1(2)，(3)和(8)分别是一入口语句；由规则 1(3)，(5)是一入口语句。然后求出各基本块，它们分别是(1)(2)，(3)(4)，(5)(6)(7)，(8)(9)，如图 8-1 所示。

在一个基本块内，可以进行如下变换。

1. 删除公共子表达式

如果子表达式 E 在前面计算过，且之后 E 中的变量值都未改变，那么 E 的重复出现称为公共子表达式，可避免对它重复计算。例如：

```
(1) T1:=4*I
(2) T2:=addr(A)－4
(3) T3:=T2[T1]
(4) T4:=4*I
(5) …
```

(1)和(4)中都有 4*I 的运算，(1)到(4)之间无对 I 的赋值，显然两次计算的值是相等的，(4)的运算是多余的，可将(4)变换成 T4:=T1。

2. 删除无用赋值及代码

有些变量的赋值从未被引用，称为无用赋值，应删除。无用赋值分三种情况：

(1)变量被赋值，但在程序中从未被引用(在局部范围内难判定)；

(2)变量赋值后未被引用又重新赋值，则前面赋值是无用的；

(3)变量的赋值只被计算变量自己引用，其他变量都不引用它。例如：

```
(1) I:=1
(2) T1:=4
(3) T3:=T2[T1]
(4) T4:=T1
(5) I:=I+1
(6) T1:=T1+4
(7) if  T1≤80 goto (3)
```

此段程序中(4)中对 T4 赋值，但 T4 未被引用。(1)和(5)对 I 赋值，但只有(5)中计算 I 时引用 I。如果程序其他地方不需要引用 T4 和 I，则(4)、(1)和(5)是无用赋值，可删除。可等价变换为：

```
(2) T1: = 4
(3) T3: = T2 [T1]
(6) T1: = T1+4
(7) if T1 ≤ 80  goto (3)
```

3. 复写传播

若有 $A:=B$，称为把 B 值复写到 A。如果其后有引用 A 的地方，且其间 A、B 的值都未改变，则可把对 A 的引用改为对 B 引用，称为复写传播。例如：

```
(1)T1:=4
(2)T4:=T1
```

```
(3)T6:=T5[T4]
```

此段程序中(1)中对 T1 赋值,(2)中把 T1 的值复写到 T4,(3)中执行 T6:=T5[T4],其间,T1 和 T4 的值都未发生改变,因此可以通过复写传播删除(2),而把对(3)替换为 T6:=T5[T1]。变换为:

```
(1)T1:=4
(3)T6:=T5 [T1]
```

4. 代数恒等变换

代数恒等变换有多种形式,如简单的代数变换、强度削弱、合并已知量、应用交换律和结合律进行代数变换等。

(1)简单的代数变换是指利用算术恒等减少程序中的运算量。例如:

```
x + 0 = 0 + x = x
x - 0 = x
x * 1 = 1 * x = x
x / 1 = x
```

(2)强度削弱是用较快的运算代替较慢的运算。例如:x^2 是指数运算,通常通过函数调用来实现,使用代数变换将其变为 $x * x$ 这个表达式,就可以用乘运算来实现了。因为乘运算要比通过函数调用来实现指数运算速度快很多。同样:

```
2.0 * x = x + x
x / 2 = x * 0.5
```

(3)合并已知量。前面已经介绍过,如果在编译时能推断出一个表达式的值是常量,就用该常量代替它。如假定某基本块为:

```
T1:=2
...
T2:=4*T1
```

如果对 T1 赋值后中间的代码没有改变过它,则对 T2 计算的两个运算对象在编译时都是已知的,就可以在编译时计算出它的值,因此可以直接写成 T2:=8。

(4)应用交换律和结合律进行代数变换:+的两个运算对象是可交换的,那么 $x+y = y+x$。有时交换运算对象后就可以发现可以利用前面的删除公共子表达式等一系列优化方式进行优化。

例如,如果原代码有赋值:

```
a := b + c
e := c + d + b
```

产生的中间代码可能是

```
a := b + c
t := c + d
e := t + b
```

如果 t 在基本块外不需要,利用交换律和结合律可以把这个序列改成:

```
a := b + c
e := a + d
```

这里既用到了+的结合律又用到了它的交换律。

此外，在一个基本块内还可以进行临时变量改名、交换语句的位置等优化。

8.1.2 利用基本块 DAG 进行优化

这一小节介绍如何用有向图 DAG 来进行基本块的优化工作。

1. DAG 的表示及其构造方法

DAG（Directed Acyclic Graph）是无环路有向图的缩写。

这一节要用到的基本块 DAG 是一种其结点带有标记或附加信息的 DAG。

（1）图的叶结点（无后继的结点）以一标识符（变量名）或常数作为标记，表示该结点代表该变量或常数的值。根据作用到一个名字上的算符，可以决定需要的是一个名字的左值还是右值；大多数叶结点代表右值。叶结点代表名字的初始值。

（2）图的内部结点（有后继的结点）以一运算符作为标记，表示该结点代表用该算符对其后继结点所代表的值进行运算的结果。

（3）图中的各结点都可以附加上一个或多个标识符，表示这些变量具有该结点所代表的值。

一个基本块由一系列四元式组成。每个四元式都可以用相应的 DAG 结点形式来表示。图 8-2 列出了四元式及其相应的 DAG 结点形式。

利用 DAG 进行基本块优化的基本思想是：首先按顺序对一个基本块内的所有四元式构造一个 DAG，接着按构造结点的次序将 DAG 还原成四元式序列。构造 DAG 的同时已做了局部优化，那么最后得到的四元式序列已经经过了优化。

习惯上，将四元式按对应结点的后继结点个数分为 4 类，如图 8-2 所示。

（1）0 型四元式：有 0 后继结点，如四元式（1）。

（2）1 型四元式：有 1 后继结点，如四元式（2）。

（3）2 型四元式：有 2 后继结点，如四元式（3）、（4）和（5）。

（4）3 型四元式：有 3 后继结点，如四元式（6）。

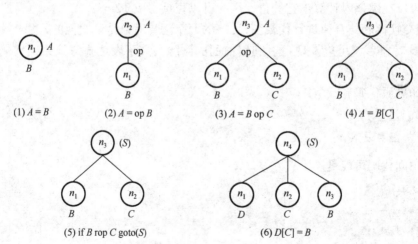

(1) $A = B$ (2) $A = op\ B$ (3) $A = B\ op\ C$ (4) $A = B[C]$

(5) if $B\ rop\ C\ goto(S)$ (6) $D[C] = B$

图 8-2　四元式与 DAG 结点

在下面介绍的由基本块构造 DAG 的算法中，假设每一个基本块仅含 0, 1, 2 型四元式。用大写字母(如 A, B 等)表示四元式中的变量名(或常数)，函数 Node(A)表示 A 在 DAG 中的相应结点，其值可为 n 或无定义，n 表示 DAG 中的一个结点值。

为了构造一个基本块的 DAG，就要依次处理基本块中的每一个语句。下面给出构造一个基本块的 DAG 算法。

开始时 DAG 为空，对基本块中的每一四元式，依次执行以下操作。

(1) 若 Node(B) 无定义，则构造一标记为 B 的叶结点并定义 Node(B) 为这个结点，然后根据下列不同情况，做不同处理。

① 如果当前四元式是 0 型，则记 Node(B) 的值为 n，转(4)。

② 如果当前四元式是 1 型，则转(2)中的①。

③ 如果当前四元式是 2 型，则：

a. 如果 Node(C) 无定义，则构造一标记为 C 的叶结点并定义 Node(C) 为这个结点；

b. 转(2)中的②。

(2) ① 若 Node(B) 是标记为常数的叶结点，则转(2)中的③，否则转(3)中的①。

② 若 Node(B) 和 Node(C) 都是标记为常数的叶结点，则转(2)中的④，否则转(3)中的②。

③ 执行 op B(即合并已知量)，令得到的新常数为 p。如果 Node(B) 是处理当前四元式时新构造出来的结点，则删除它。如果 Node(p) 无定义，则构造一用 p 做标记的叶结点 n。置 Node(p) = n，转(4)。

④ 执行 B op C(即合并已知量)，令得到的新常数为 p。如果 Node(B) 或 Node(C) 是处理当前四元式时新构造出来的结点，则删除它。如果 Node(p) 无定义，则构造一用 p 做标记的叶结点 n。置 Node(p) = n，转(4)。

(3) ① 检查 DAG 中是否已有一结点，其唯一后继为 Node(B)，且标记为 op(即找公共子表达式)。如果没有，则构造该结点 n；否则就把已有的结点作为它的结点并设该结点为 n，转(4)。

② 检查中 DAG 中是否已有一结点，其左后继为 Node(B)，其右后继为 Node(C)，且标记为 op(即找公共子表达式)。如果没有，则构造该结点 n；否则就把已有的结点作为它的结点并设该结点为 n，转(4)。

(4) 如果 Node(A) 无定义，则把 A 附加在结点 n 上，并令 Node(A)=n；否则先把 A 从 Node(A) 结点上附加标识符集中删除(注意，如果 Node(A) 是叶结点，则其标记 A 不删除)，然后把 A 附加到新结点 n 上并令 Node(A) = n。转处理下一条代码。

【例 8-2】 构造以下基本块 G 的 DAG。

```
(1)  T₀:=3.14
(2)  T₁:=2*T₀
(3)  T₂:=R+r
(4)  A:=T₁*T₂
(5)  B:=A
(6)  T₃:=2*T₀
(7)  T₄:=R+r
(8)  T₅:=T₃*T₄
(9)  T₆:=R-r
(10) B:=T₅*T₆
```

按照算法顺序处理每一个四元式构造出 DAG，如图 8-3 所示。

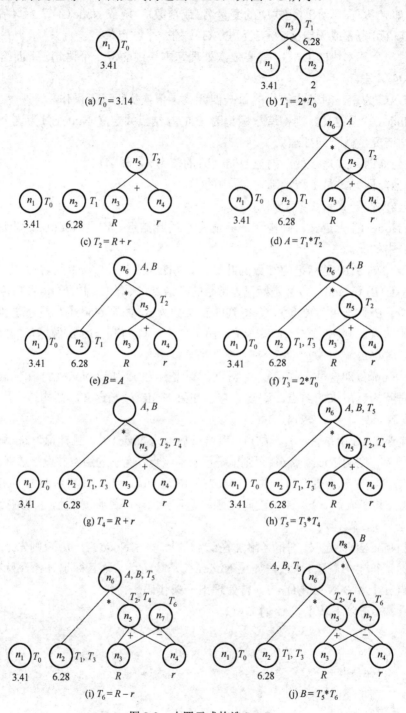

图 8-3　由四元式构造 DAG

利用构造基本块的 DAG 的算法，对每一行代码进行处理，得到的 DAG 如图 8-3 所示。对第一条代码，根据算法步骤 1，先建立一个叶结点 "3.14"，并令 T_0 为该结点的标识符，如图 8-3(a) 所示。观察图 8-3(b)，对当前四元式 $T_1:=2*T_0$，首先执行算法中的步骤(1)，判断

Node(B) 无定义, 构造一个标记为 2 的叶结点并定义 Node(2) 为这个结点, 当前四元式是 2 型, 判断 Node(C) 已有定义, 此时为 Node(T_0)。转步骤 (2) 中的②, 判断 Node(B) = Node(2) 和 Node(C) = Node(T_0) 都是标记为常数的叶结点, 则执行 B op C, 令新结点为 p (=6.28), 且 p 无定义, 构造结点 Node(p) = Node(6.28), 同时因为 Node(B) = Node(2) 是处理当前四元式时新构造出来的结点, 则删除 n_2, 执行步骤 (4): 判断 Node(A) 无定义, 将 T_1 附加在结点 n_3 上, 并令 Node(T_1) = 6.28。最后 DAG 生成了两个结点 n_1 和 n_3, 因结点 n_2 被删除, 将 n_3 改为 n_2。图 8-3 (b) 的形式实际上就是合并已知量的优化过程。

同样利用算法的各个步骤, 最后画出 DAG 图, 其中图 8-3 的每一个子图分别表示处理完四元式 (1), (2), …, (10) 后形成的 DAG 图。

下面根据 DAG 结点的构造顺序, 按照图 8-3 (j), 重写四元式 G, 得到以下四元式序列 G':

  (1)　$T_0 := 3.14$
  (2)　$T_1 := 6.28$
  (3)　$T_3 := 6.28$
  (4)　$T_2 := R + r$
  (5)　$T_4 := T_2$
  (6)　$A := 6.28 * T_2$
  (7)　$T_5 := A$
  (8)　$T_6 := R - r$
  (9)　$B := A * T_6$

把 G' 和原来的基本块 G 相比, 可以看出:

(1) G 中的代码 (2) 和 (6) 的已知量都已合并;

(2) G 中 (5) 的无用赋值已被删除;

(3) G 中 (3) 和 (7) 的公共子表达式 $R+r$ 只被计算一次, 删除了多余运算。

显然, G' 是 G 的优化的结果, 但还不是最优结果。

2．利用基本块的 DAG 进行优化

利用基本块的 DAG 可进行如下一些优化。

(1) 合并已知量

在建立基本块的 DAG 时, 如果某个叶结点是已知量, 在后续建立其他结点时如果引用了该结点的附加标识符, 就可以直接使用其值, 如在建立图 8-3 所示的 DAG 时, T_0 是已知量, 在计算 T_1 时, $T_1 := 2 * T_0$, 可以直接将 T_1 的值计算出来, 从而以后不再引用 T_0。这样 T_1 也是已知量了。

(2) 删除公共子表达式

在 DAG 中发现公共子表达式是在建立新结点 M 时, 检查是否存在一个结点 N, 它和 M 有同样的左子结点和右子结点, 算符也相同。如果存在, N 和 M 计算的是同样的值, M 就可以作为 N 的一个附加标识符, 而不必加入新结点。在图 8-3 中, 有两条代码 (3) $T_2 := R + r$ 和 (7) $T_4 := R + r$, 我们发现其运算符相同, 左、右子结点也相同, 表示同一个计算, 因此, T_4 就不建立新的结点了。在优化时, 一个结点可以只用一个标识符计算其值。

(3) 删除无用代码

对应到删除无用代码, 从 DAG 中相当容易实现。从 DAG 中删掉对应到死变量的根 (即

没有父结点的结点），重复这个过程，直至删掉对应到死代码的所有结点。如在图 8-3 中，结点 n_1 没有父结点，即可认为对它的赋值是无用代码，优化时可以删除。

除了可应用 DAG 进行上述优化外，还可以从基本块的 DAG 中得到一些其他优化信息，这些信息是：

（1）在基本块外被定值并在基本块内被引用的所有标识符，即作为叶子结点上标记的那些标识符；

（2）在基本块内被定值且该值能在基本块后被引用的所有标识符，即 DAG 各结点上标记的那些标识符。

前面所删除的无用赋值只是其中一种情况，在这里利用这些信息，根据有关变量在基本块后被引用的情况，可进一步删除基本块中其他情况下的无用赋值。

例 8-2 中，假设 $T_1, T_2, \cdots, T_6$ 在基本块的后面都没有被引用，则这些符号可在 DAG 附加标识符中删去，则可将图 8-3(j) 中的 DAG 重写四元式，得到进一步的优化代码序列，如下：

```
(1)  S₁:=R+r
(2)  A:=6.28*S₁
(3)  S₂:=R−r
(4)  B:=A*S₂
```

其中 S_1 和 S_2 是临时变量。$T_0, T_1, \cdots, T_6$ 被赋值的代码已优化掉。

为了得到最优目标代码，可以不按原 DAG 构造结点的顺序重写四元式，这里暂不介绍。

8.2　循 环 优 化

在一个程序流程中，循环是必不可少的一种控制结构，它是程序中那些可能反复执行的代码序列，在执行时要消耗大量的时间，所以进行代码优化时应着重考虑循环中代码的优化，这对提高目标代码的效率有很大的作用。在进行循环优化之前，必须确定流图中哪些基本块构成一个循环，然后才能使用相应的技术进行优化。本节主要讨论使用流图进行循环优化，使用一个结点是另一个结点的必经结点的概念来定义循环，以及循环优化的主要技术如代码外提、强度削弱、删除归纳变量等。

8.2.1　程序流图

把控制流的信息加到基本块集合上构成的有向图称为控制流程图，简称流图。我们可以把一个控制流程图表示成一个三元组 $G = (N, E, n_0)$，其中，N 代表图中所有结点集，E 代表图中所有有向边集，n_0 代表首结点。

一个程序可用一个流图来表示。流图中的有限结点集 N 就是程序的基本块集，流图中的结点就是程序的基本块。流图的首结点就是包含程序第一个语句的基本块。

程序流图中的有向边集 E 是这样构成的：从基本块 B_i 向基本块 B_j 引有向边，仅当 B_j 在程序中的位置紧跟在 B_i 之后，且 B_i 的出口语句不是无条件转移语句或停止语句；或者 B_i 的出口是转移语句（goto (s) 或 if$\cdots$goto (s)），并且转移目标(s) 是 B_j 的入口语句。

【例 8-3】 构造以下程序的流图：

```
(1)  read  X
(2)  read  Y
(3)  R:=X  mod  Y
(4)  if  R=0   goto  (8)
(5)  X:=Y
(6)  Y:=R
(7)  goto  (3)
(8)  write  Y
(9)  halt
```

通过上面介绍的方法，将程序划分为基本块，构造有向边，形成程序流图，如图 8-4 所示。

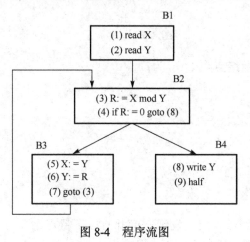

图 8-4　程序流图

8.2.2　循环的查找

在一个已知的程序流图里，如何确定循环是由哪些结点组成的呢？这需要分析流图中结点的控制关系。

我们说流图中结点 d 是结点 n 的**必经结点**，是指如果从初始结点起，每条到达 n 的路径都要经过 d，记为 d DOM n。根据这个定义，每个结点是它本身的必经结点，循环的入口是循环中所有结点的必经结点。流图中结点 n 的所有必经结点的集合称为结点 n 的**必经结点集**，记为 $D(n)$。

若将 DOM 看作流图结点集上定义的一个关系，根据上面的定义，它具有以下性质。

（1）自反性

对流图中任意结点 a，有 a DOM a。

（2）传递性

对流图中任意结点 a，b 和 c，若有 a DOM b 和 b DOM c，则 a DOM c。

（3）反对称性

若 a DOM b 和 b DOM a，则 $a=b$。

由上可见，关系 DOM 是一个偏序关系，因此，任何结点 n 的必经结点集是个有序集。在图 8-5 中，首结点①是所有结点的必经结点，结点②是除了①以外所有结点的必经结点，结点④是结点④,⑤,⑥,⑦的必经结点。

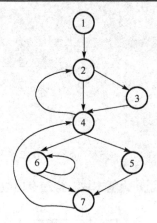

图 8-5　程序流图

图 8-5 中各结点的必经结点集 $D(n)$ 为：

```
D(1)={1}
D(2)={1,2}
D(3)={1,2,3}
D(4)={1,2,4}
D(5)={1,2,4,5}
D(6)={1,2,4,6}
D(7)={1,2,4,7}
```

分析以上各结点的必经结点集，发现它们都有以下特点：

(1)流图的首结点是图中所有结点的必经结点；

(2)循环的首结点是循环中所有结点的必经结点,因此它必然出现在组成循环的每一个结点的必经结点集中；

(3)每一个结点 a 的必经结点集 $D(a)=\{a\} \cup$ (a 的所有前驱结点集的必经结点集的交集)，即 $D(a)=a\cup$ (∩ a 的所有前驱结点集的必经结点集)。

例如，结点⑦有两个前驱结点⑤和⑥，则

```
D(7)= {7}∪(D(5)∩D(6))
    = {7}∪{1,2,4}
    ={1,2,4,7}
```

又如，结点⑥有两个前驱结点④和⑥，则

```
D(6)= {6}∪(D(4)∩D(6))
    = {6}∪{1,2,4}
    ={6,1,2,4}
```

理解了结点的必经结点和必经结点集 $D(n)$，下面来介绍流图的回边，最后用回边找出循环。

必经结点信息的一个重要运用是确定流图中适合改进的循环。这样的循环有两个基本性质。

(1)循环必须有唯一的入口点，叫作**首结点**，也称入口结点。首结点是循环中所有结点的必经结点。

(2)至少有一种办法重复循环，也就是至少有一条路径回到**首结点**。

寻找流图中的循环的方法是找出流图中的回边。设 $a \rightarrow b$ 是流图中的一条有向边，若 b DOM a，则称 $a \rightarrow b$ 是流图中的一条回边。

给出一个回边 $a \rightarrow b$，我们定义这个边的**自然循环**是 b 加上所有不经过 b 能到达 a 的结点。**内循环**是指一个循环的结点集合是另一个循环的结点集合的子集。

8.2.3 循环优化

在循环中可以实行代码外提、强度削弱、删除归纳变量等优化。

1. 代码外提

把循环不变运算（即其结果独立于循环执行次数的表达式）提到循环的前面，使之只在循环外计算一次，这种优化称为**代码外提**。循环不变运算包括运算量为常量或在循环外定值，每次循环时其值不变的运算。

在实行代码外提时，要求把循环不变计算提到循环外面，这就要求在入口结点的前面创建一个新的基本块，叫作**前置结点**。

对图 8-6(a)中的循环增加前置结点 B_0 后成为 8-6(b)。前置结点的唯一后继是 L 的入口结点，并且原来从 L 外到达 L 入口结点的边都改成进入前置结点。从循环 L 里面到达入口结点的边不改变。开始时，前置结点为空，对 L 的变换（如常量和循环不变计算的定值外提）提到前置结点中。

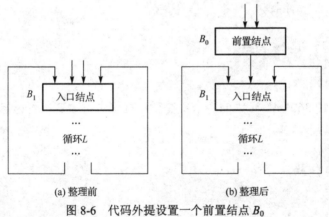

(a) 整理前　　　　　　　　(b) 整理后

图 8-6　代码外提设置一个前置结点 B_0

下面给出一些基本概念。

点：程序中某一个四元式的位置。

定值点：对某变量赋值或输入值的四元式位置。

引用点：引用某变量的四元式位置。

若 d 是 A 的定值点，u 是 A 的引用点，存在一条从 d 到 u 的通路，并且此路上没有 A 的其他定值点，称 d 点对 A 的定点值能到达 u 点。

如果在程序的某一点 u 引用了变量 A 的值，则把能到达 u 的 A 所有定值点的全体称为 A 在引用点 u 的引用-定值链（ud 链）。

活跃变量：对于变量 A 和点 p，在流图中存在一条从 p 出发的通路，在这条通路上有 A 的引用点，则称变量 A 在程序中某一点 p 是活跃的变量。

查找循环 L 的不变运算的算法如下。

（1）依次查看 L 中各基本块的每个四元式，如果它的每个运算对象或为常数，或者定值点在 L 之外，则将其标记为"不变运算"。

（2）依次查看尚未被标记为"不变运算"的四元式，如果它的每个运算对象或为常数或定值点在 L 之外，或只有一个到达定值点且该点上的四元式已标记为"不变运算"，则把被查看的四元式标记为"不变运算"。

（3）重复（2）直至没有新的四元式被标记为"不变运算"为止。

代码外提的条件如下。

（1）该不变运算所在结点（基本块）必须是循环所有出口结点的必经结点，或者该不变运算所定值的不变量在循环出口之后不是活跃的。

（2）循环内的不变运算所定值的变量只有唯一的一个定点值。

（3）外提循环不变运算 $s: A:=B \text{ op } C$ 是循环内所有 A 的引用点都是而且仅是 s 所能到达的。

以下是代码外提的算法。

（1）求出循环 L 的所有不变运算。

（2）对步骤（1）所求得的每一个不变运算 s：$A:=B \text{ op } C$ 或 $A:= \text{ op } B$ 或 $A:= B$ 检查是否满足代码外提条件。

（3）按步骤（1）的顺序依次把符合（2）的不变运算 s 外提到 L 的前置结点中。

【例 8-4】 计算半径为 r 的从 $10°$ 到 $360°$ 的扇形的面积。

```
for(n=1; n<36; n++)
{
    S=10/360*pi*r*r*n;
    printf("Area is %f", S);
}
```

显然，表达式 10/360*pi*r*r 中的各个量在循环过程中不改变。可以修改程序如下：

```
C= 10/360*pi*r*r*n;
for(n=1; n<36; n++)
{
    S=C*n;
    printf("Area is %f", S);
}
```

修改后的程序中，C 的值只需要被计算一次，而原来的程序需要计算 36 次。

循环不变四元式具有相对性，对于多重嵌套的循环，循环不变四元式是相对某个循环而言的。对于更加外层的循环它可能就不是循环不变式。例如：

```
for(i = 1; i<10; i++)
    for(n=1; n<360/(5*i); n++)
    {
        S=(5*i)/360*pi*r*r*n;
        ...
    }
```

5*i 和 (5*i)/360*pi*r*r 对于 n 的循环（内层循环）是不变表达式，但是对于外层循环，它们不是循环不变表达式。

2. 强度削弱

强度削弱是指用较快的运算代替较慢的运算。例如将乘法运算替换成递归加法运算，将 x^2 指数运算替换成 $x*x$ 这个乘法运算。

3. 删除归纳变量

实施强度削弱后，可进行删除归纳变量优化。处理时，首先确定循环中的归纳变量及它们之间的关系。下面是强度削弱和删除归纳变量的算法。

(1)利用循环不变运算信息，找出循环中所有的基本归纳变量。

(2)找出所有其他归纳变量 A，并找出与已知基本归纳变量 X 同族的线性函数关系 $FA(X)$。

(3)进行强度削弱优化。

(4)删除对归纳变量的无用赋值。

(5)删除基本归纳变量。

8.3 小　　结

代码优化是指对源程序或中间代码进行的各种合理的等价变换，使得变换后的代码运行结果与变换前的代码运行结果相同，代码优化的目的在于节省时间和空间。实施代码改进变换的编译器叫作**优化编译器**。进行优化时应该遵循等价原则、有效原则和合算原则。

根据优化涉及的程序范围，优化分为**局部优化**、**循环优化**和**全局优化**。本章主要介绍局部优化和循环优化的一些技术和方法。

在基本块内的优化叫局部优化。**基本块**是指程序中一个顺序执行的语句序列，其中只有一个入口语句和一个出口语句。执行时只能从入口语句进入，从出口语句退出。

基本块内的优化方法有删除公共子表达式、删除无用赋值及代码、复写传播、代数恒等变换等。代数恒等变换又有多种形式，如简单的代数变换、强度削弱、合并已知量、应用交换律和结合律进行代数变换等。

DAG 是无环路有向图的缩写。利用基本块的 DAG 可进行合并已知量、删除公共子表达式、删除无用代码等优化。

把控制流的信息加到基本块集合上构成的有向图称为**控制流程图**，简称**流图**。

在一个已知的程序流图里，如果从初始结点起，每条到达 n 的路径都要经过 d，那么 d 是结点 n 的**必经结点**。记为 d DOM n。流图中结点 n 的所有必经结点的集合称为结点 n 的**必经结点集**，记为 $D(n)$。

循环必须有唯一的入口点，叫作首结点，又称入口结点。

设 $a{\to}b$ 是流图中的一条有向边，若 b DOM a，则称 $a{\to}b$ 是流图中的一条回边。

在循环中可以实行代码外提、强度削弱、删除归纳变量等优化。

复习思考题

1. 选择题

(1)优化的目的是得到_____的目标代码。

　　A. 运行速度较快　　　　　　　　B. 运行速度快但占用内存空间大
　　C. 占用存储空间较少　　　　　　D. 运行速度快且占用存储空间少
(2)根据所涉及程序的范围，优化可分为_____。
　　A. 局部优化　　　　　　　　　　B. 函数优化
　　C. 全局优化　　　　　　　　　　D. 循环优化
(3)局部优化是局限于_____范围内的一种优化。
　　A. 循环　　　　　B. 函数　　　　　C. 基本块　　　　　D. 整个程序
(4)基本块内可以进行的优化是_____。
　　A. 合并已知量、代码外提和删除归纳变量
　　B. 合并已知量、删除多余运算和删除无用赋值
　　C. 强度削弱、代码外提和删除归纳变量
　　D. 复写传播、循环展开和循环合并
(5)下列_____优化方法是针对循环优化进行的。
　　A. 删除多余运算　　　　　　　　B. 删除归纳变量
　　C. 合并已知量　　　　　　　　　D. 复写传播

2. 判断题
(1)优化实质上是对代码进行等价变换，变换后的代码结构不同但运行结果相同。
(2)一个程序可用一个流图来表示，流图中的结点就是程序的一条语句。
(3)假设 $a \to b$ 是流图中的一条有向边，如果 a DOM b，则称 $a \to b$ 是流图中的一条回边。
(4)循环优化中的强度削弱仅对乘法运算进行。
(5)DAG 是一个可带环路的有向图。

3. 对于图 8-7 和图 8-8 所示的流图：
(1) 求出流图中各结点 n 的必经结点集 $D(n)$；
(2)求出流图中的回边；
(3)求出流图中的循环。

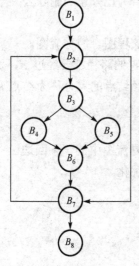

图 8-7　流图一

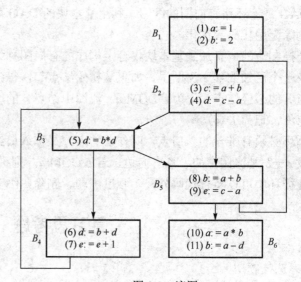

图 8-8　流图二

第9章　目标代码生成

学习目标

学习目标代码的基本形式及其生成过程，掌握在代码生成过程中的算法。

学习要求

- 掌握：目标代码的形式。
- 了解：目标代码生成中的算法、寄存器分配方法等。

目标代码生成是编译模型的最后一个阶段，是在语法分析后或者优化后的中间代码上进行，并将中间代码转换成等价的目标代码。这样的转换程序称为**代码生成程序**，也称**代码生成器**。

代码执行的次序不同，会使代码的运行效率有很大差别，在生成正确目标代码的前提下，优化安排计算次序和适当选择代码序列，同样是代码生成需要考虑的重要因素。代码生成是把某种高级程序设计语言经过语法语义分析或优化后的中间代码作为输入，将其转换成特定机器的机器语言或汇编语言作为输出，这样的转换程序称为代码生成器，因此，代码生成器的构造与输入的中间代码形式和输出的目标代码的机器结构密切相关。特别是高级程序设计语言和计算机硬件结构的多样性为代码生成的理论研究和实现技术带来了很大的复杂性。

由于一个高级程序设计语言的目标代码需反复使用，因而，代码生成器的设计要着重考虑目标代码的质量问题。衡量目标代码的质量主要从占用空间和执行效率两个方面综合考虑。

运行时刻存储的组织和管理、采用静态分配还是动态分配、目标机器选定的指令系统都影响目标代码生成。由于寄存器的存取速度远远快于内存，一般情况下，总是希望尽可能多地使用寄存器，而寄存器的个数是有限的，因此，如何分配寄存器的使用，也是目标代码生成时需要考虑的重要因素之一。

9.1　目标代码的形式

代码生成器的输出称为目标程序。像中间代码那样，目标程序的形式也有多种：可执行目标模块(也称可执行目标程序)、可重定位目标模块或汇编语言模块。

可重定位目标模块是指代码装入内存的起始地址可以任意，代码中有一些重定位信息，以适应重定位的要求。

可执行目标模块装入内存的起始地址是固定的。产生可执行目标模块作为输出的好处是，它可以放在内存的固定地方并且立即执行。这样，小程序可以迅速地编译和执行。历史上一些面向学生的编译器就产生可执行的目标程序。

采用可重定位目标模块(也称可重定位的机器语言代码)时，需要连接器把一组可重定位目标模块连成一个可执行的目标程序。虽然产生可重定位目标模块必须增加额外的开销来进行连接，但带来的好处是灵活性。因为这种方式允许程序模块或子程序分别编译，允许从目标模块中调用其他先前编译好的程序模块。通常，可重定位目标模块中有重定位信息和连接信息。

汇编语言模块作为输出使得代码生成的过程变得容易，因为我们可以产生符号指令并可利用汇编器的宏机制来帮助生成代码，所付出的代价是代码生成后的汇编工序。由于产生汇编码可免去编译器重复汇编器的工作，因此它也是一种合理的选择，尤其对于内存小、编译器必须分成几遍的情况来说更是这样。

为了可读性，我们在本章用汇编代码作为目标语言。但是需要强调，只要地址可以从符号表中的偏移和其他信息计算，那么产生名字的重定位地址或绝对地址同产生它的符号地址一样容易。

9.2　假想的计算机模型

要设计一个好的代码生成器，就必须熟悉目标机器和它的指令系统。熟悉目标机器和它的指令系统是设计好一个代码生成器的先决条件。我们假定计算机有 n 个通用寄存器 R_0，R_1，…，R_{n-1}，它们既可以作为累加器也可以作为变址器，机器指令形式有 4 种类型，见表 9-1。

表 9-1　机器指令类型

类　　型	指　令　形　式	意义（设 op 是二目运算符）
直接地址型	op R_i,M	(R_i) Op $(M) \Rightarrow R_i$
寄存器型	op R_i, R_j	(R_i) Op $(R_j) \Rightarrow R_i$
变址型	op R_i,c(R_j)	(R_i) Op $((R_j)+c) \Rightarrow R_i$
间接型	op R_i,*M	(R_i) Op $((M)) \Rightarrow R_i$
	op R_i, *R_j	(R_i) Op $((R_j)) \Rightarrow R_i$
	op R_i,*c(R_j)	(R_i) Op $(((R_j)+c)) \Rightarrow R_i$

如果 op 是一目运算符，则"op R_i, M"的意义为 op$(M) \Rightarrow R_i$，其余类型可类推。

以上指令的运算符（操作码）op 包括一般计算机上常用的一些运算符。某些指令的意义说明见表 9-2。

表 9-2　某些指令意义说明

指　　令	意　　义
LD R_i, B	把 B 单元的内容取到寄存器 R_i
ST R_i, B	把寄存器 R_i 的内容取到 B 单元
J　X	无条件转向 X 单元
CMP A, B	把 A 单元和 B 单元的值进行比较，并根据比较情况把机器内部特征寄存器 CT 置成相应状态。CT 占两个二进制位。根据 A<B、A=B 或 A>B 分别置成 0、1 或 2
J < X	如 CT = 0，转 X 单元
J ≤ X	如 CT = 0 或 CT = 1，转 X 单元
J = X	如 CT = 1，转 X 单元
J ≠ X	如 CT ≠ 1，转 X 单元
J > X	如 CT = 2，转 X 单元
J ≥ X	如 CT = 1 或 CT = 2，转 X 单元

9.3 一个简单的代码生成程序

本节介绍一个把四元式形式的中间代码变换为目标代码的简单代码生成器的实现方法，同时简要介绍一种寄存器分配算法。

9.3.1 待用信息和活跃信息

在一个基本块范围内考虑如何充分利用寄存器的问题，尽可能地让该变量的值保留在寄存器中，尽可能引用变量在寄存器中的值。对于在基本块内后边不被引用的变量所占用的寄存器，应尽早释放，以提高寄存器的利用率。

若在一个基本块中，变量 A 在四元式 i 中被定值，在 i 后面的四元式 j 中要引用 A 值，且从 i 到 j 之间没有其他对 A 的定值点，这时称 j 是四元式 i 中对变量 A 的**待用信息**或称**下次引用信息**，同时也称 A 是活跃的。若 A 被多次引用，则可构成待用信息链与活跃信息链。可从基本块的出口由后向前扫描，对每个变量建立相应的待用信息链和活跃变量信息链。

在一基本块内求各变量待用信息的算法如下。

(1)符号表中增加"待用信息"栏和"活跃信息"栏，对各基本块的符号表中的"待用信息"栏和"活跃信息"栏置初值，即把"待用信息"栏置"非待用"，对"活跃信息"栏按在基本块出口处是否为活跃而置成"活跃"或活跃的。

(2)从基本块出口到基本块入口由后向前依次处理每个四元式。对每个四元式 i: $A := B$ op C 依次执行下述步骤：

① 把符号表中变量 A 的待用信息和活跃信息附加到四元式 i 上；

② 把符号表中变量 A 的待用信息栏和活跃信息栏分别置为"非待用"和"非活跃"（由于在 i 中对 A 的定值只能在 i 以后的四元式才能引用，因而对 i 以前的四元式来说 A 是不活跃的，也不可能是待用的）。

③ 把符号表中变量 B 和 C 的待用信息和活跃信息附加到四元式 i 上。

④ 把符号表中变量 B 和 C 的待用信息栏置为"i"，活跃信息栏置为"活跃"。

注意，以上①和②、③和④的次序不能颠倒。

9.3.2 寄存器描述和地址描述

对三地址语句 $a := b + c$，如果寄存器 R_i 含 b，R_j 含 c，且 b 在此语句后不再活跃，即 b 不再引用，那么可以为它产生代价为 1 的代码 **ADD** R_j, R_i，结果 a 在 R_i 中。如果 R_i 含 b，但 c 在内存单元(为方便起见，仍叫作 c)，b 仍然不再活跃，那么可以产生代价为 2 的代码

```
ADD c, R_i
```

或代价为 3 的代码序列

```
MOV c, R_j
ADD R_j, R_i
```

如果 c 的值以后还要用，则第二种代码比较有吸引力，因为可以从寄存器 R_j 中取 c 的值。还有很多情况可考虑，取决于 b 和 c 当前在什么地方及 b 的值以后是否还要用。还必须考虑

b 和 c 中的一个或两个都是常数的情况。如果+运算可交换，考虑的情况还会增加。可以看出，代码生成包含了对大量情况的考察，哪种情况占优势依赖于三地址语句出现的上下文。

从上面的例子可以看出，在代码生成过程中，需要跟踪寄存器的内容和名字的地址。本节的代码生成算法使用寄存器和名字的描述来跟踪寄存器的内容和名字的地址。

(1)寄存器描述记住每个寄存器当前存的是什么。假定初始时寄存器描述显示所有寄存器为空(如果寄存器分配穿越块边界，当然就不这样简单了)。随着对基本块的代码生成逐步前进，在任何一点，每个寄存器保存若干个(包括零个)名字的值。寄存器的这些信息可以单独用一张寄存器表来描述。

(2)名字的地址描述记住运行时每个名字的当前值可以在哪个场所找到。这个场所可以是寄存器、栈单元、内存地址，甚至是它们的某个集合，因为复写时值仍然留在原来的地方。这些信息可以存于符号表中，在决定名字的访问方式时使用。

9.3.3 代码生成算法

代码生成算法取构成一个基本块的三地址语句序列作为输入，对每个三地址语句 $x:= y \text{ op } z$ 完成下列动作：

(1)调用函数 getreg 决定放 $y \text{ op } z$ 计算结果的场所 L。L 通常是寄存器，也可能是内存单元。我们将简要描述 getreg 的算法。

(2)查看 y 的地址描述，确定 y 值当前的一个场所 y'。如果 y 当前值既在内存单元中又在寄存器中，当然选择寄存器作为 y'，特别是 y 的值所在的寄存器正好是 L 时。如果 y 的值还不在 L 中，则产生指令 MOV y', L 将把 y 的值复写到 L 中。

(3)产生指令 op z', L，其中 z' 是 z 的当前场所之一。同上面一样，如果 z 值既在寄存器中又在内存单元，优先于前者。修改 x 的地址描述，以表示 x 在场所 L，如果 L 是寄存器，修改它的描述，以表示它含 x 的值。

(4)如果 y 和/或 z 的当前值不再引用，在块的出口也不活跃，并且还在寄存器中，那么修改寄存器描述，以表示在执行了 $x:= y \text{ op } z$ 以后，这些寄存器分别不再含 y 和/或 z 的值。

如果当前的三地址语句有一元算符，步骤同上面的类似，则可略去这些细节。一个重要的特例是三地址语句 $x:= y$。如果 y 在寄存器中，只要改变寄存器和地址描述，记住 x 的值现在只能在存 y 值的寄存器中找到。如果 y 不再引用，并且在基本块出口不活跃，那么这个寄存器不再保存 y 的值。如果 y 的值仅在内存中，原则上可以记下 x 的值在 y 的内存单元，但是这样会使算法复杂，因为以后若要改变 y 的值就必须先保存 x 的值。所以如果 y 在内存中，则用 getreg 来找到一个存放 y 的寄存器，并记住此寄存器是存 x 的场所。另一种办法是产生指令 MOV y, x。尤其是 x 在块中不再引用时，这样做比较好。值得注意的是，如果用各种优化，尤其是复写传播算法，大多数(如果不是所有的)复写指令可以删去。

一旦处理完基本块的所有三地址语句，就在基本块出口用 MOV 指令把那些值尚不在它们内存单元中的活跃名字的值存入它们的内存单元。为完成这一点，用寄存器描述来决定什么名字仍在寄存器中，用地址描述来决定这些名字的值是否不在它们的内存单元，用活跃变量信息来决定这些名字是否要存储起来。如果基本块之间的数据流分析没有计算活跃变量信息，只好认为所有用户定义的名字在基本块末尾都是活跃的。

9.3.4　寄存器选择函数

函数 getreg 返回保存语句 $x := y\,op\,z$ 的 x 值的场所 L。该代码生成算法的很多努力都消耗在实现这个函数上，以产生对 L 的较好选择。本小节讨论基于下次引用信息的一个简单易行的办法。

(1) 如果名字 y 在寄存器中，此寄存器不含其他名字的值 (注意，$x := y$ 这样的复写语句会使寄存器同时保存两个或更多个变量的值)，并且在执行 $x := y\,op\,z$ 后 y 不再有下次引用，那么返回 y 的这个寄存器作为 L。

(2) (1) 失败时，返回一个空闲寄存器 (如果有)。

(3) (2) 不能成功时，如果 x 在块中有下次引用，或者 op 是必须用寄存器的算符 (如变址)，那么找一个已被占用的寄存器 R。如果 R 的值还没有保存到它应该在的内存单元 M，则由 MOV R, M 把 R 的值存入内存单元 M，修改 M 的地址描述，返回 R。如果 R 保持着几个变量的值，对于每个需要存储的变量都产生 MOV 指令。怎样恰当地选择这个寄存器，优先选择其数据在最远的将来使用，或者其数据同时在内存的寄存器。我们难以描述精确的选择，因为没人能证明哪种选择方法是最佳的。

(4) 如果 x 在该基本块中不再引用，或者找不到适当的被占用寄存器，则选择 x 的内存单元作为 L。

更复杂的 getreg 函数在决定存放 x 值的寄存器时要考虑 x 随后的使用情况和算符 op 的交换性。

【例 9-1】　赋值语句 $d := (a - b) + (a - c) + (a - c)$ 可以翻译成下面的三地址语句序列：

```
t₁:= a − b
t₂:= a − c
t₃:= t₁ + t₂
d: = t₃ + t₂
```

假定只有 d 在基本块出口活跃。上面的代码生成算法为这个三地址语句序列产生如表 9-3 所示的代码序列。表中给出代码生成过程中相关的寄存器描述和地址描述，但是忽略了 a, b 和 c 的值总是在内存中这样一个事实。同时还假定 t_1, t_2 和 t_3 是临时变量，它们的值都不在内存中，除非用 MOV 指令把它们存起来。

表 9-3　目标代码序列

语　　句	生成的代码	寄存器描述 寄存器空	名字地址描述
$t_1 := a - b$	MOV a, R0 SUB b, R0	R0 含 t_1	t_1 在 R0 中
$t_2 := a - c$	MOV a, R1 SUB c, R1	R0 含 t_1 R1 含 t_2	t_1 在 R0 中 t_2 在 R1 中
$t_3 := t_1 + t_2$	ADD R1, R0	R0 含 t_3 R1 含 t_2	t_3 在 R0 中 t_2 在 R1 中
$d := t_3 + t_2$	ADD R1, R0	R0 含 d	d 在 R0 中
	MOV R0, d		d 在 R0 和内存中

getreg 的第一次调用返回 R0 作为计算 t_1 的场所。因为 a 不在 R0 中，因此产生 MOV a, R0 和 SUB b, R0 的指令。修改寄存器描述表示 R0 含 t_1。

代码生成以这种方式前进，直到最后一个三地址语句处理完。注意这时 R1 为空，因为 t_2 不再引用。最后在基本块的结尾产生 MOV R0, d，存储活跃变量 d。

表 9-3 生成的代码的代价是 12。可以把它缩减到 11，在第一条指令后立即产生指令 MOV R0, R1，删去指令 MOV a, R1，但是这需要更复杂的代码生成算法。代价能减小的原因是从 R1 取到 R0 比从内存取到 R0 要廉价一些。

9.3.5 为变址和指针语句产生代码

变址与指针运算的三地址语句的处理和二元算符的处理相同。表 9-4 给出了为变址语句 $a := b[i]$ 和 $a[i] := b$ 产生的代码序列，假定 b 是静态分配的。

i 当前所在的场所决定代码序列。表 9-4 中给出三种情况，分别是 i 在寄存器 Ri 中，i 在内存单元 Mi 中，还有 i 在栈中，偏移为 Si，且 i 所在的活动记录指针是寄存器 A。寄存器 R 是调用函数 getreg 时返回的寄存器，对于第一个赋值，如果 a 在块中有下次引用，并且寄存器 R 是可用的，宁愿把 a 留在寄存器 R 中。对第二个语句，还假定 a 是静态分配的。

表 9-4　变址语句的代码序列

| 语句 | i 在寄存器 Ri 中 | | i 在内存 Mi 中 | | i 在栈中 | |
	代码	代价	代码	代价	代码	代价
$a := b[i]$	MOV $b(Ri)$, R	2	MOV Mi, R MOV $b(R)$, R	4	MOV $Si(A)$, R MOV $b(R)$, R	4
$a[i] := b$	MOV b, $a(Ri)$	3	MOV Mi, R MOV b, $a(R)$	5	MOV $Si(A)$, R MOV b, $a(R)$	5

表 9-5 给出了为指针语句 $a := *p$ 和 $*p := a$ 产生的代码序列。这里，p 的当前位置决定了代码序列。

表 9-5　指针语句的代码序列

| 语句 | — | | — | | p 在栈中 | |
	代码	代价	代码	代价	代码	代价
$a := *p$	MOV $*Rp$, a	2	MOV Mp, R MOV $*R$, R	3	MOV $Sp(A)$, R MOV $*R$, R	3
$*p := a$	MOV a, $*Rp$	2	MOV Mp, R MOV a, $*R$	4	MOV a, R MOV R, $*Sp(A)$	4

同上面一样，这里也给出了三种情况，寄存器 R 也是调用函数 getreg 返回的寄存器，第二个语句也假定 a 静态分配。

9.3.6 条件语句

机器实现条件转移有两种方式。一种方式是根据寄存器的值是否为下面六个条件之一进行分支：负、零、正、非负、非零和非正。在这样的机器上，像 if $x < y$ goto z 这样的三地址语句可以这样实现：把 x 减 y 的值存入寄存器 R，如果 R 的值为负，则跳转到 z。

第二种方式是用条件码来表示计算的结果或装入寄存器的值是负、零还是正。这种方法适用于大多数机器。通常，比较指令(在机器上是 CMP)有这样的性质，它设置条件码而不真正计算值。即，若 $x > y$，那么 CMP x, y 置条件码为正，等等。条件转移指令根据指定的条件 $<, =, >, \leqslant, \neq$ 或 $\geqslant$ 是否满足来决定是否转移。用指令 CJ<= z 表示如果条件码是负或零则转到 z。例如，if $x < y$ goto z 可以由

```
CMP      x,   y
CJ<      z
```

来实现。

产生代码时，记住条件码的描述是有用的。这个描述告诉我们设置当前条件码的名字或比较的名字对。于是可以用

```
MOV     y,    R0
ADD     z,    R0
MOV     R0,   x
CJ<           z
```

来实现

```
x:= y + z
if x < 0 goto z
```

因为根据条件码描述可以知道在 ADD z, R0 之后，条件码是由 x 设置的。

【例 9-2】　若用 A, B, C, D 表示变量，用 T, U, V 表示中间变量，则有四元式如下：

(1) $T := A - B$
(2) $U := A - C$
(3) $V := T + U$
(4) $D := V + U$

其名字表中的待用信息和活跃信息如表 9-6 所示，用"F"表示"非待用""非活跃"，用"L"表示活跃。(1)，(2)，(3)，(4)表示四元式序号。

表 9-6　例 9.1 算法得到的待用信息链和活跃信息链

变量名	待用信息				活跃信息			
	初值		待用信息链		初值		活跃信息链	
A	F		(2)	(1)	L		L	L
B	F			(1)	L			L
C	F			(2)	L			L
D	F	F			L	F		
T	F		(3)	F	F		L	F
U	F	(4)	(3)	F	F	L	L	F
V	F	(4)	F		F	L	F	

表 9-6 中"待用信息链"与"活跃信息链"的每列从左至右为每从后向前扫描一个四元式时相应变量的信息变化情况，空白处为没有变化。

待用信息和活跃信息在四元式上的标记如下所示：

$$T^{(3)L} := A^{(2)L} - B^{FL}$$
$$U^{(3)L} := A^{FL} - C^{FL}$$

$$V^{(4)\mathrm{L}}:=T^{\mathrm{FF}}+U^{(4)\mathrm{L}}$$
$$D^{\mathrm{FL}}:=V^{\mathrm{FF}}+U^{\mathrm{FF}}$$

9.4 小   结

目标代码生成是编译的最后一个环节，它所完成的功能是将中间代码翻译成对应的目标代码。目标代码的形式有以下 3 种：机器语言、待装配的机器语言和汇编语言。这几种形式都和目标机的指令系统相关，目标机上的指令系统越丰富，代码生成的工作就越容易。

代码生成主要考虑两个问题：一是如何使生成的目标代码最短；二是如何充分利用计算机的寄存器，减少目标代码中访问存储单元的次数。为了充分利用寄存器，提高目标代码的执行效率，要采用恰当的算法将存储单元中的信息调入寄存器进行访问。

复习思考题

1．选择题

(1) 目标代码生成时应该着重考虑的基本问题是_____。

    A．如何使生成的目标代码最短

    B．如何使目标程序运行所占用的空间最小

    C．如何充分利用计算机寄存器，减少目标代码访问存储单元的次数

    D．目标程序运行的速度快

(2) 编译程序生成的目标代码通常有 3 种形式，它们是_____。

    A．能够立即执行的机器语言代码

    B．汇编语言程序

    C．待装配的机器语言代码

    D．中间语言代码

2．假设可用寄存器为 R_0 和 R_1，对于以下四元式序列 G：

```
T1=B-C
T2=A* T1
T3=D+1
T4=E-F
T5=T3*T4
W= T2/T5
```

用简单代码生成器生成器目标代码，同时列出寄存器描述和地址描述。

附录 A　C 语言实现的实例语言编译程序

PL/0 程序设计语言是一个较简单的语言，它以赋值语句为基础，构造概念有顺序、条件和重复(循环)三种。PL/0 有子程序概念，包括过程定义(可以嵌套)与调用且有局部变量说明。PL/0 中唯一的数据类型是整型，可以用来说明该类型的常量和变量。当然 PL/0 也具有通常的算术运算和关系运算。

A.1　PL/0 语言编译器源程序

A.1.1　PL/0 语言源程序的一个例子

下面给出一个 PL/0 语言写的二数相乘、除并求最大公约数的算法：

```
const m = 7, n = 85;
var x, y, z, q, r;

procedure multiply;
var a, b;
begin
    a := x; b := y; z := 0;
    while b > 0 do
    begin
        if odd b then z := z + a;
        a := 2 * a; b := b / 2;
    end
end;

procedure divide;
var w;
begin
    r := x; q := 0; w := y;
    while w > y do
    begin
        q := 2 * q; w := w / 2;
        if w <= r then
        begin
            r := r - w;
            q := q + 1;
        end;
    end
end;

procedure gcd;
var f, g;
begin
```

```
        f := x;
        g := y;
        while f <> g do
        begin
            if f < g then g := g - f;
            if g < f then f := f - g;
        end
    end;

begin
    x := m; y := n; call multiply;
    x := 25; y := 3; call divide;
    x := 34; y := 36; call gcd;
end.
```

A.1.2　生成的代码(片段)

A.1 节给出了 PL/0 语言写的一段程序，其中乘法过程经过编译程序产生以下代码：

```
 2  INT    0    5   -- allocate storage
 3  LOD    1    3   -- x    } a := x
 4  STO    0    3   -- a
 5  LOD    1    4   -- y    } b := y
 6  STO    0    4   -- b
 7  LIT    0    0   -- 0    } z := 0
 8  STO    1    5   -- z
 9  LOD    0    4   -- b
10  LIT    0    0   -- 0    } b > 0
11  OPR    0   12   -- >
12  JPC    0   29   -- if b <= 0 then goto 29
13  LOD    0    4   -- b    } odd(b)
14  OPR    0    6   -- odd
15  JPC    0   20   -- if not(odd(b)) goto 20
16  LOD    1    5   -- z
17  LOD    0    3   -- a    } z := z + a
18  OPR    0    2   -- +
19  STO    1    5   -- z
20  LIT    0    2   -- 2
21  LOD    0    3   -- a    } a := 2 * a
22  OPR    0    4   -- *
23  STO    0    3   -- a
24  LOD    0    4   -- b
25  LIT    0    2   -- 2    } b := b / 2
26  OPR    0    2   -- /
27  STO    0    4   -- b
28  JMP    0    9   -- goto 9
29  OPR    0    0   -- return
```

上述代码采用助记符形式，"--" 后面是为了便于理解而额外加上的注释，大括号右边为左部代码序列对应的源程序中的语句或表达式。

A.2　PL/0 语言编译器源程序

PL/0 语言编译器源程序包括的 C 程序文件有 PL0.h、set.h、PL0.c 和 set.c，扫下面的二维码即可查看相应的程序代码(或者登录华信教育资源网 www.hxedu.com.cn 注册后下载)。

扫下面二维码即可查看程序文本(或者登录华信教育资源网 www.hxedu.com.cn 注册后下载)。

附录 B　YACC 语言实现的实例语言编译程序

扫下面的二维码即可查看具体程序代码(或者登录华信教育资源网 www.hxedu.com.cn 注册后下载)。

参 考 文 献

[1] 张莉，史晓华，杨海燕，金茂忠. 编译技术. 北京：高等教育出版社，2016.

[2] 何炎祥. 编译原理(第三版). 武汉：华中科技大学出版社，2010.

[3] 张素琴，吕映芝，蒋维社，戴桂兰. 编译原理(第2版). 北京：清华大学出版社，2011.

[4] 陈火旺，等. 程序设计语言编译原理(第3版). 北京：国防工业出版社，2014.

[5] [美] Milan Stevanovic. 高级 C/C++编译技术. 卢誉声，译. 北京：机械工业出版社，2015.

[6] 莫礼平. 编译原理学习指导. 北京：冶金工业出版社，2012.

[7] 胡元义. 编译原理教程(第三版). 西安：西安电子科技大学出版社，2010.

[8] 刘磊等. 编译原理及实现技术(第2版). 北京：机械工业出版社，2010.

[9] 何炎祥，伍春香，王汉飞. 编译原理. 北京：机械工业出版社，2010.

[10] [美] Andrew W.Appel. 现代编译原理 C 语言描述. 赵克佳，黄春，沈志宇，译. 北京：人民邮电出版社，2006.

[11] 陈英，王贵珍. 编译原理学习指导与习题解析. 北京：清华大学出版社，2011.

[12] 李劲华，陈宇. 编译原理与技术练习解答与实验指导(第2版). 北京：北京邮电大学出版社，2014.

[13] 张幸儿. 计算机编译原理(第三版). 北京：科学出版社，2015.

[14] 新设计团队. 编译系统透视：图解编译原理. 北京：机械工业出版社，2016.

[15] 胡元义. 编译原理教程(第四版)习题解析与上机指导. 西安：西安电子科技大学出版社，2017.

反侵权盗版声明

电子工业出版社依法对本作品享有专有出版权。任何未经权利人书面许可，复制、销售或通过信息网络传播本作品的行为；歪曲、篡改、剽窃本作品的行为，均违反《中华人民共和国著作权法》，其行为人应承担相应的民事责任和行政责任，构成犯罪的，将被依法追究刑事责任。

为了维护市场秩序，保护权利人的合法权益，我社将依法查处和打击侵权盗版的单位和个人。欢迎社会各界人士积极举报侵权盗版行为，本社将奖励举报有功人员，并保证举报人的信息不被泄露。

举报电话：（010）88254396；（010）88258888

传　　真：（010）88254397

E-mail：　dbqq@phei.com.cn

通信地址：北京市海淀区万寿路 173 信箱

　　　　　电子工业出版社总编办公室

邮　　编：100036